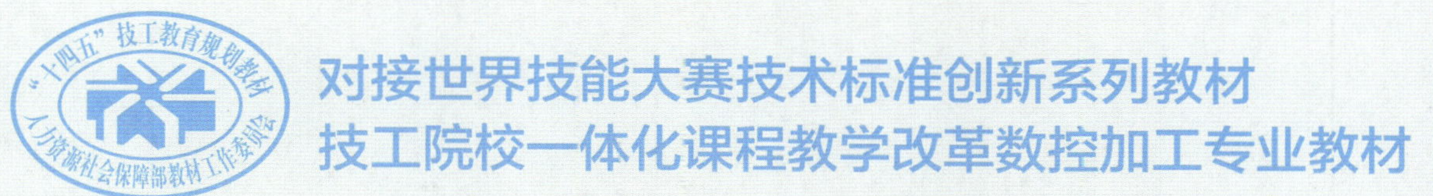

对接世界技能大赛技术标准创新系列教材

技工院校一体化课程教学改革数控加工专业教材

计算机机械图形绘制

人力资源社会保障部教材办公室　组织编写

中国劳动社会保障出版社

内容简介

本套教材为对接世赛标准深化一体化专业课程改革数控加工专业教材，对接世赛数控车、数控铣项目，学习目标融入世赛要求，学习内容对接世赛技能标准，考核评价方法参照世赛评分方案，并设置了世赛知识栏目。

本书主要内容包括：手轮手柄零件平面图形的绘制、传动轴零件平面图形的绘制、球阀体零件平面图形的绘制、蜗轮减速箱体零件平面图形的绘制、机用虎钳装配图的绘制、法兰盘零件测绘及平面图形绘制、油泵体零件测绘及平面图形绘制。

图书在版编目（CIP）数据

计算机机械图形绘制 / 人力资源社会保障部教材办公室组织编写. -- 北京：中国劳动社会保障出版社，2020

对接世界技能大赛技术标准创新系列教材　技工院校一体化课程教学改革数控加工专业教材

ISBN 978-7-5167-4808-4

Ⅰ.①计…　Ⅱ.①人…　Ⅲ.①机械制图－计算机制图－技工学校－教材　Ⅳ.①TH126

中国版本图书馆 CIP 数据核字（2020）第 243989 号

中国劳动社会保障出版社出版发行

（北京市惠新东街 1 号　邮政编码：100029）

*

北京市白帆印务有限公司印刷装订　新华书店经销

880 毫米 × 1230 毫米　16 开本　14 印张　329 千字

2020 年 12 月第 1 版　　2026 年 3 月第 8 次印刷

定价：49.00 元

营销中心电话：400-606-6496

出版社网址：http://www.class.com.cn

http://jg.class.com.cn

对接世界技能大赛技术标准创新系列教材

编审委员会

主　任：张立新

副主任：张　斌　王晓君　刘新昌　冯　政

委　员：王　飞　翟　涛　杨　奕　张　伟　赵庆鹏　姜华平
杜庚星　王鸿飞

数控加工专业课程改革工作小组

课 改 校：江苏省常州技师学院　广东省机械技师学院
宁波技师学院　开封技师学院　襄阳技师学院
江苏省盐城技师学院　东莞技师学院　江门技师学院
西安技师学院　杭州技师学院　临沂技师学院

技术指导：宋放之

编　　辑：闫宪新

本书编审人员

主　　编：崔兆华

参　　编：王　蕾　王　雪　崔人凤　孙喜兵　徐小燕　李椿方

主　　审：王希波

序

世界技能大赛由世界技能组织每两年举办一届，是迄今全球地位最高、规模最大、影响力最广的职业技能竞赛，被誉为“世界技能奥林匹克”。我国于2010年加入世界技能组织，先后参加了五届世界技能大赛，累计取得36金、29银、20铜和58个优胜奖的优异成绩。第46届世界技能大赛将在我国上海举办。2019年9月，习近平总书记对我国选手在第45届世界技能大赛上取得佳绩作出重要指示，并强调，劳动者素质对一个国家、一个民族发展至关重要。技术工人队伍是支撑中国制造、中国创造的重要基础，对推动经济高质量发展具有重要作用。要健全技能人才培养、使用、评价、激励制度，大力发展技工教育，大规模开展职业技能培训，加快培养大批高素质劳动者和技术技能人才。要在全社会弘扬精益求精的工匠精神，激励广大青年走技能成才、技能报国之路。

为充分借鉴世界技能大赛先进理念、技术标准和评价体系，突出“高、精、尖、缺”导向，促进技工教育与世界先进标准接轨，完善我国技能人才培养模式，全面提升技能人才培养质量，人力资源社会保障部于2019年4月启动了世界技能大赛成果转化工作。根据成果转化工作方案，成立了由世界技能大赛中国集训基地、一体化课改学校，以及竞赛项目中国技术指导专家、企业专家、出版集团资深编辑组成的对接世界技能大赛技术标准深化专业课程改革工作小组，按照创新开发新专业、升级改造传统专业、深化一体化专业课程改革三种对接转化原则，以专业培养目标对接职业描述、专业课程对接世界技能标准、课程考核与评价对接评分方案等多种操作模式和路径，同时融入健康与安全、绿色与环保及可持续发展理念，开发与世界技能大赛项目对接的专业人才培养方案、教材及配套教学资源。首批对接 19 个世界技能大赛项目共 12 个专业的成果将于 2020—2021 年陆续出版，主要用于技工院校日常专业教学工作中，充分发挥世界技能大赛成果转化对技工院校技能人才的引领示范作用。在总结经验及调研的基础上选择新的对接项目，陆续启动第二批等世界技能大赛成果转化工作。

希望全国技工院校将对接世界技能大赛技术标准创新系列教材，作为深化专业课程建设、创新人才培养模式、提高人才培养质量的重要抓手，进一步推动教学改革，坚持高端引领，促进内涵发展，提升办学质量，为加快培养高水平的技能人才作出新的更大贡献！

2020年11月

目　录

学习任务一　手轮手柄零件平面图形的绘制 …… (1)
学习活动 1　手轮手柄零件平面图形的分析 …… (4)
学习活动 2　绘图软件的基本操作 …… (8)
学习活动 3　手轮手柄零件平面图形的绘制与打印 …… (23)
学习活动 4　绘图检测与质量分析 …… (27)
学习活动 5　工作总结与评价 …… (29)
学习任务二　传动轴零件平面图形的绘制 …… (36)
学习活动 1　传动轴零件平面图形的分析 …… (40)
学习活动 2　绘图软件的基本操作 …… (44)
学习活动 3　传动轴零件平面图形的绘制与打印 …… (51)
学习活动 4　绘图检测与质量分析 …… (57)
学习活动 5　工作总结与评价 …… (59)
学习任务三　球阀体零件平面图形的绘制 …… (66)
学习活动 1　球阀体零件平面图形的分析 …… (70)
学习活动 2　绘图软件的基本操作 …… (74)
学习活动 3　球阀体零件平面图形的绘制与打印 …… (79)
学习活动 4　绘图检测与质量分析 …… (88)
学习活动 5　工作总结与评价 …… (90)
学习任务四　蜗轮减速箱体零件平面图形的绘制 …… (98)
学习活动 1　蜗轮减速箱体零件平面图形的分析 …… (102)
学习活动 2　绘图软件的基本操作 …… (105)
学习活动 3　蜗轮减速箱体零件平面图形的绘制与打印 …… (110)
学习活动 4　绘图检测与质量分析 …… (121)
学习活动 5　工作总结与评价 …… (123)
学习任务五　机用虎钳装配图的绘制 …… (130)
学习活动 1　机用虎钳装配图的分析 …… (140)
学习活动 2　绘图软件的基本操作 …… (146)

学习活动 3　机用虎钳装配图的绘制与打印 …… (152)
学习活动 4　绘图检测与质量分析 …… (166)
学习活动 5　工作总结与评价 …… (168)
学习任务六　法兰盘零件测绘及平面图形绘制 …… (178)
学习活动 1　测绘法兰盘零件草图 …… (181)
学习活动 2　法兰盘零件平面图形的绘制与打印 …… (185)
学习活动 3　绘图检测与质量分析 …… (188)
学习活动 4　工作总结与评价 …… (190)
学习任务七　油泵体零件测绘及平面图形绘制 …… (197)
学习活动 1　测绘油泵体零件草图 …… (200)
学习活动 2　油泵体零件平面图形的绘制与打印 …… (204)
学习活动 3　绘图检测与质量分析 …… (207)
学习活动 4　工作总结与评价 …… (209)

学习任务一　手轮手柄零件平面图形的绘制

学习目标

1. 能正确识读手轮手柄零件草图，确定图幅尺寸、布图方案。

2. 能分析手轮手柄零件的结构，确定绘制其平面图形的方法。

3. 能查阅机械制图手册、制图标准、极限配合标准等资料，确定手轮手柄零件图的技术要求。

4. 能正确安装 AutoCAD、CAXA 电子图板等绘图软件。

5. 能根据手轮手柄零件特点和技术要求，进行软件的相关绘图设置（如图框大小、图层、线型、颜色、文字样式、标注样式等）。

6. 能根据机械制图标准，应用直线、圆、圆弧等命令绘制手轮手柄零件平面图形。

7. 能熟练应用绘图软件的尺寸标注和文字功能，正确完成手轮手柄零件平面图形中的尺寸和文字标注。

8. 能根据生产要求，正确打印所绘制的手轮手柄零件平面图形。

9. 能正确填写工作单，并遵守企业技术文件管理制度和保密制度。

10. 能按机房操作规程，正确使用、维护和保养计算机、打印机等设备。

11. 能严格执行企业操作规程、企业质量体系管理制度、安全生产制度、环保管理制度、“6S”管理制度等企业管理规定。

12. 能主动获取有效信息，展示工作成果，对学习与工作进行反思总结，并能与他人开展良好合作，进行有效的沟通。

建议学时

18 学时。

工作情境描述

企业设计部接到一项绘图任务：根据提供的手轮手柄零件草图（图 1–1）绘制出其零件平面图形，便于生产部门进行批量生产。技术主管将绘图任务分配给绘图员张强，让他应用计算机绘图软件进行绘制，并将零件平面图形打印出来。

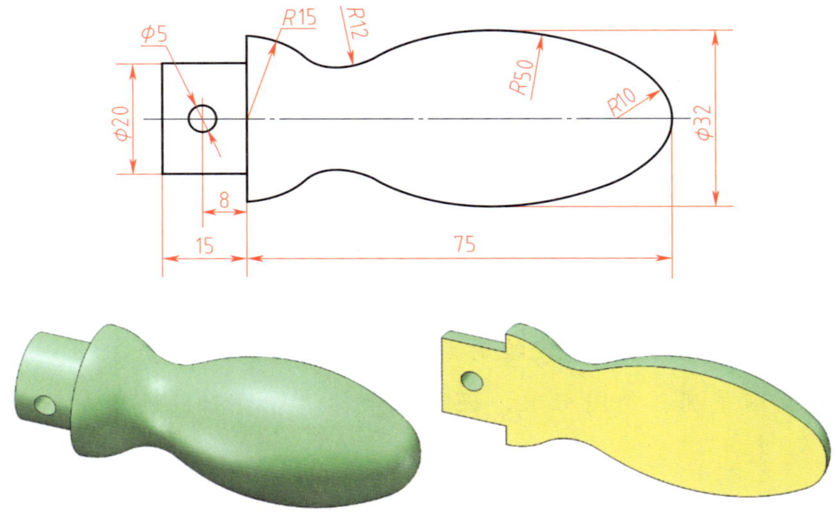

图 1-1　手轮手柄零件草图

工作流程与活动

1．手轮手柄零件平面图形的分析（2 学时）

2．绘图软件的基本操作（10 学时）

3．手轮手柄零件平面图形的绘制与打印（2 学时）

4．绘图检测与质量分析（2 学时）

5．工作总结与评价（2 学时）

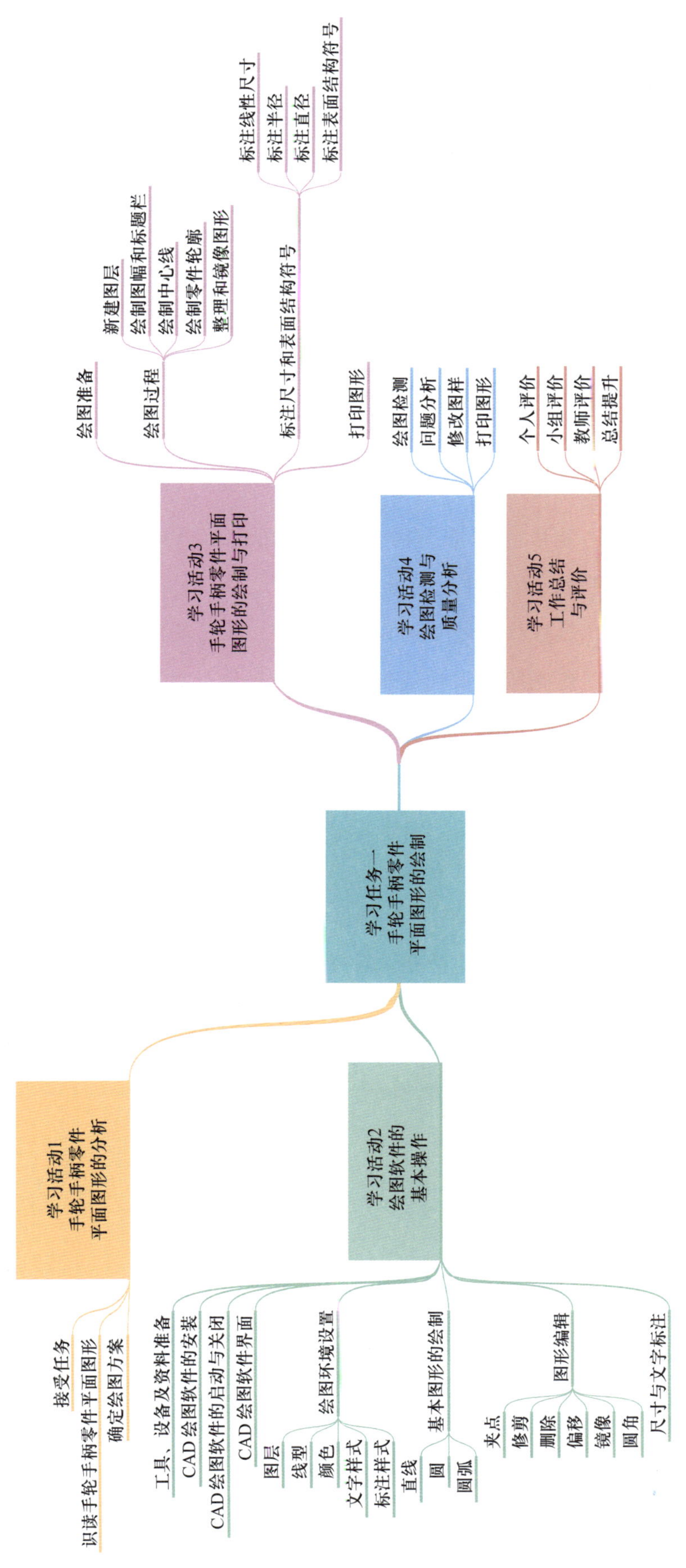
学习任务一
手轮手柄零件
平面图形的绘制
学习活动1
手轮手柄零件
平面图形的分析
接受任务
识读手轮手柄零件平面图形
确定绘图方案
学习活动2
绘图软件的
基本操作
工具、设备及资料准备
CAD 绘图软件的安装
CAD 绘图软件的启动与关闭
CAD 绘图软件界面
绘图环境设置
图层
线型
颜色
文字样式
标注样式
基本图形的绘制
直线
圆
圆弧
图形编辑
夹点
修剪
删除
偏移
镜像
圆角
尺寸与文字标注
学习活动3
手轮手柄零件平面
图形的绘制与打印
绘图准备
绘图过程
新建图层
绘制图幅和标题栏
绘制中心线
绘制零件轮廓
整理和镜像图形
标注尺寸和表面结构符号
标注线性尺寸
标注半径
标注直径
标注表面结构符号
打印图形
学习活动4
绘图检测与
质量分析
绘图检测
问题分析
修改图样
打印图形
学习活动5
工作总结
与评价
个人评价
小组评价
教师评价
总结提升

学习活动 1　手轮手柄零件平面图形的分析

学习目标

1. 能正确识读手轮手柄零件平面图形。

2. 能根据手轮手柄零件平面图形，确定图幅尺寸和布图方案。

3. 能根据手轮手柄零件平面图形，确定绘图所用图层、线型、文字样式和标注样式。

4. 能根据手轮手柄零件的结构，确定绘图方法。

5. 能查阅国家机械制图标准和机械加工手册，确定手轮手柄零件加工精度和表面质量要求。

6. 能查阅机械加工手册确定手轮手柄零件加工精度等级和尺寸公差。

7. 能与生产技术人员、生产主管等相关人员沟通，了解绘制手轮手柄零件平面图形所用到的 CAD 指令。

8. 能根据手轮手柄零件平面图形分析，做好计算机绘图前的准备工作。

建议学时：2 学时。

学习过程

一、接受任务

听技术主管描述本次绘图任务，正确填写任务记录单（表 1–1）。

表 1-1 任务记录单

部门名称				出图数量	
任务名称				预交付时间	年 月 日
下单人		年 月 日	接单人		年 月 日
制图		年 月 日	审核		年 月 日
批准		年 月 日	交付人		年 月 日

二、识读手轮手柄零件平面图形

1．查阅资料，询问技术主管，明确手轮手柄零件的用途。

2．手轮手柄零件平面图形中标注的最大轮廓尺寸是多少?

3．手轮手柄零件平面图形中的定形尺寸有哪些？定位尺寸有哪些?

4．手轮手柄零件平面图形中的已知线段有哪些？中间线段有哪些？连接线段有哪些?

5．手轮手柄零件平面图形中包含哪几种线型？各线型表达了什么含义?

6．手轮手柄零件平面图形中的尺寸标注能否满足加工要求？还需要对哪些尺寸进行修改？还需要增加哪些标注才能满足生产要求?

三、确定绘图方案

1．国家标准《技术制图 图纸幅面和格式》（GB/T 14689—2008）规定了 A0、A1、A2、A3、A4 五种基本图纸幅面。查阅《机械制图》教材，写出五种基本图纸幅面尺寸大小。根据手轮手柄零件轮廓尺寸，选择哪种图幅尺寸绘制手轮手柄零件平面图形?

2．标题栏应绘制在图样右下角，其文字方向应与看图方向一致。试确定标题栏的格式及填写内容。

3．应用 CAD 软件绘图时，需要根据绘图要求设置图层，图层一般是按所绘制图形中的线型进行命名的。根据平面图形分析，绘制手轮手柄零件平面图形需要设置哪些图层?

4．手轮手柄零件平面图形哪些地方需要标注文字?

5．手轮手柄零件平面图形需要标注哪些尺寸?

6．手轮手柄零件平面图形的绘制难点为 $R50$ mm 和 $R12$ mm 圆弧。手工绘图时，如何绘制 $R50$ mm 和 $R12$ mm 圆弧?

7．手轮手柄零件平面图形中 $\phi 5$ mm 孔的作用是什么？其加工精度等级应为多少？其表面粗糙度值 Ra 应为多少？

8．手轮手柄零件平面图形中 $\phi 20$ mm 圆柱面的加工精度等级应为多少？其表面粗糙度值 Ra 应为多少？

9．$R50$ mm、$R10$ mm、$R12$ mm、$R15$ mm 圆弧的加工精度等级应为多少？其表面粗糙度值 Ra 应为多少？

10．简述绘制手轮手柄零件平面图形的步骤。

11．与生产技术人员、生产主管等相关人员沟通，了解绘制手轮手柄零件平面图形所用到的 CAD 指令有哪些。

学习活动 2　绘图软件的基本操作

学习目标

1. 能独立完成绘图软件的安装与启动。

2. 能熟悉绘图软件的界面，掌握绘图软件操作命令的执行方式。

3. 能掌握绘图软件中的数据输入方法及常规文件管理操作方法。

4. 能根据零件特点和技术要求，对图层、线型、颜色等绘图环境进行设置。

5. 能熟练应用直线、圆、圆弧等绘图命令绘制基本图形。

6. 能熟练应用修改命令对图形进行删除、修剪、镜像、偏移、倒圆角等操作。

7. 能根据零件标注要求进行文字样式和标注样式的设置。

8. 能应用文字和标注命令完成零件图样中的尺寸、表面结构符号等内容的标注。

9. 能按机房操作规程和“6S”管理要求，正确使用、维护和保养计算机、打印机等设备。

建议学时：10 学时。

学习过程

一、工具、设备及资料准备

工具：绘图安装软件。

设备：计算机。

资料：计算机安全操作规程。

安全提示

计算机安全操作规程

1. 进入计算机机房前，必须认真学习计算机安全操作规程。进入计算机机房后，应服从管理人员安排，对号入座。禁止携带火种进入机房，不得擅自开启电源。

2. 计算机电源应保持良好，插座不得松动，发现有漏电现象应立即切断电源，并报告管理人员，待查明原因，排除故障，不得擅自处理。

3. 在操作过程中，发现计算机有不正常现象时应立即停机，并报告管理人员，待查明原因，排除故障。因操作不当而损坏计算机，由使用者按时价赔偿或修复。

4. 机房内的资料、光盘等未经允许不得随意带出机房，不得擅自带光盘、U 盘等进机房。

5. 禁止随意乱动机房内的设施，严禁拆卸机器。保护机房内的桌椅、门窗、墙壁，不得乱涂、乱画、乱划、乱扯。

6. 保持室内安静，禁止喧哗，保持机房内清洁卫生，禁止在机房内吸烟、乱丢废物和用餐。

7. 严禁玩游戏，严禁浏览非法网站。

8. 使用结束后，必须关闭好所用计算机，严格按“6S”管理要求打扫卫生、整理机房，并仔细检查电源是否切断，门窗是否关好，经管理人员同意后，方可离开机房。

二、CAD 绘图软件的安装

1．CAD 绘图软件种类比较多，你打算用哪一款绘图软件绘制手轮手柄零件图？该软件适合安装在哪些操作系统中？适合安装操作系统的位数是多少？

2．所用 CAD 绘图软件对计算机的硬件配置有哪些要求？

3．所用 CAD 绘图软件主要具有哪些功能?

4．简述 CAD 绘图软件的安装步骤。

5．如何卸载所安装的 CAD 绘图软件?

三、CAD 绘图软件的启动与关闭

1．启动所用 CAD 绘图软件的方法有哪几种?

2．关闭所用 CAD 绘图软件的方法有哪几种?

四、CAD 绘图软件界面

1．用户界面（简称界面）是交互式绘图软件与用户进行信息交流的中介。不同的 CAD 绘图软件其界面元素是不同的，所用 CAD 绘图软件的默认界面主要由哪些元素组成? 除了默认界面外，还有其他界面吗? 各界面是如何实现切换的?

2．CAD 绘图软件默认界面的快速启动工具栏主要包括哪些功能按钮?

3．CAD 绘图软件界面中最重要的界面元素为功能区，功能区通常包括多个功能区选项卡，每个功能区选项卡由各种功能区面板组成。所用 CAD 绘图软件主要包括哪些功能区选项卡? 默认或常用功能区选项卡由哪些功能区面板组成?

4．CAD 绘图软件的绘图区是用户进行绘图设计的工作区域，它位于屏幕的中心，并占据了屏幕的大部分面积。绘图区默认状态下为黑色，能否将其改为其他颜色? 简述其操作步骤。

5．状态栏位于 CAD 绘图软件操作界面的最下方，用来显示系统的当前状态。所用 CAD 绘图软件的状态栏包含了哪些功能?

6．CAD 绘图软件一般都是通过鼠标进行操作的，鼠标通常由左键、右键和中间滚轮组成。鼠标的左键、右键和中间滚轮在所安装的 CAD 绘图软件中各有何用途?

7．当鼠标移动时，光标也跟着移动。当光标在某个功能按钮上停留时，系统会弹出该按钮的名称和功用。通过该功能，快速查阅表 1–2 中各按钮的名称及功用。

表 1–2　　各按钮的名称及功用

按钮	名称	功用

8．CAD 绘图软件一般都具有菜单功能，试在界面中打开主菜单栏，查看主菜单栏中具有哪些功能。

9．绘制图形或者进行文件保存等操作时，都需要执行相应的操作命令。所用 CAD 绘图软件命令执行方式有哪几种？在命令执行过程中，长按哪个键可以中止命令的执行？

10．试用“直线”命令⟋，绘制如图 1–2 所示矩形，绘制过程中，如何确定 *A*、*B*、*C*、*D* 四个点的位置？绘制完毕，将图形保存到计算机 D 盘指定文件夹中（以自己所在班级名称及姓名建立文件夹），图形名称为“矩形”，试简述其保存过程。

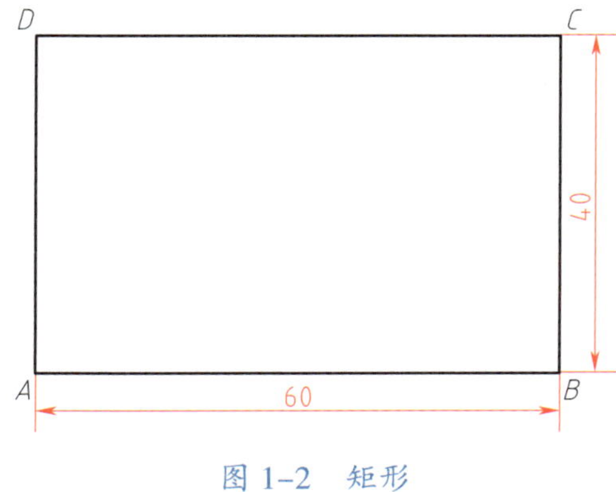

图 1–2　矩形

五、绘图环境设置

1．图层是 CAD 绘图软件的一个重要绘图工具。通过图层，用户可以方便地管理和编辑图形对象。什么是图层？图层的作用是什么？在 CAD 绘图软件中如何新建图层？

2．线型是指图形基本元素中线条的组成和显示方式，如虚线和实线等。新建图层时，一般都是以线型作为图层名，一个图层设置一种线型，绘图时根据所绘制的线型选择相应的图层即可。图层的线型是如何设置的？

3．颜色在图形中具有非常重要的作用，可用来表示不同的组件、功能和区域。每个图层都可以设置一种颜色，图层的颜色实际上是图层中图形对象的颜色。图层的颜色是如何设置的?

4．在图层中除了可以设置线型、颜色外，还能设置哪些功能?

5．根据表 1–3 要求，设置 6 个基本图层。

表 1–3　图层设置参数要求

图层名称	颜色	线型	线宽
粗实线	黑色（或白色）	CONTINUOUS	0.5 mm
细实线	黑色（或白色）	CONTINUOUS	0.25 mm
中心线	红色	CENTER	0.25 mm
尺寸线	绿色	CONTINUOUS	0.25 mm
虚线	洋红	DASHED	0.25 mm
剖面线	青色	CONTINUOUS	0.25 mm

6．文字样式为文字设置各项参数，控制文字的字体、字高、方向和角度等。打开文字样式对话框，将文字样式对话框中的字体设为仿宋，字高为 3.5 mm，倾斜角度为 0。

7．标注样式为尺寸标注设置各项参数，控制尺寸标注的箭头样式、文字位置、尺寸公差和对齐方式等。打开标注样式对话框，新建半径标注样式，要求文字水平放置；文字位于尺寸线上方，带引线；单位格式为小数，精度为 0.000。

六、基本图形的绘制

1．无论是简单的图形还是复杂的图形，都是由基本图形元素（如线段、圆、圆弧、矩形、正多边形和样条曲线等）组成的，熟练掌握这些基本图形元素的绘制方法是 CAD 绘图的基础。执行基本图形元素的绘图命令的方式有哪些?

2.“直线”命令╱是最常用的绘图命令，绘制各种实线和虚线都可以用该命令完成。试利用“直线”命令，绘制如图 1–3 所示图形，并简述其绘图步骤。

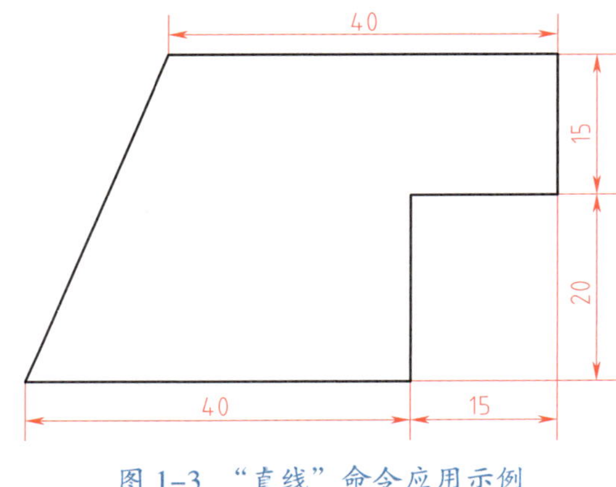

图 1–3　“直线”命令应用示例

3.“正交”功能 可以将光标限制在水平或垂直方向上移动，以便于精确地创建对象。试利用“正交”功能和“直线”命令，绘制如图 1–4 所示直角三角形，并简述其绘图步骤。

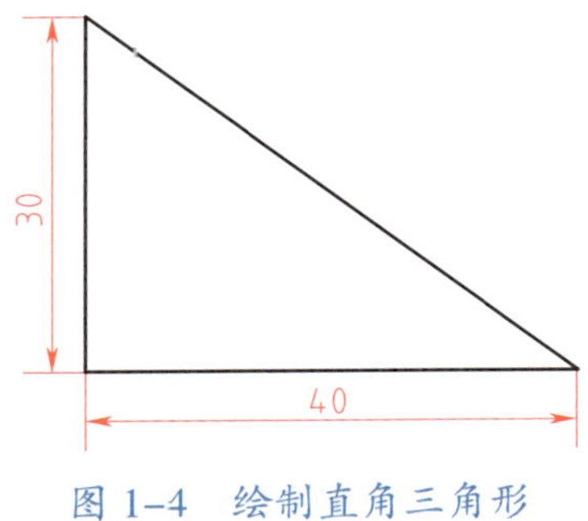

图 1–4　绘制直角三角形

4．圆是一种常见的基本图形对象。所用 CAD 绘图软件具有几种绘制圆的方法？试用“直线”和“圆”命令，绘制如图 1–5 所示等边三角形及其内接圆，并简述其绘图步骤。

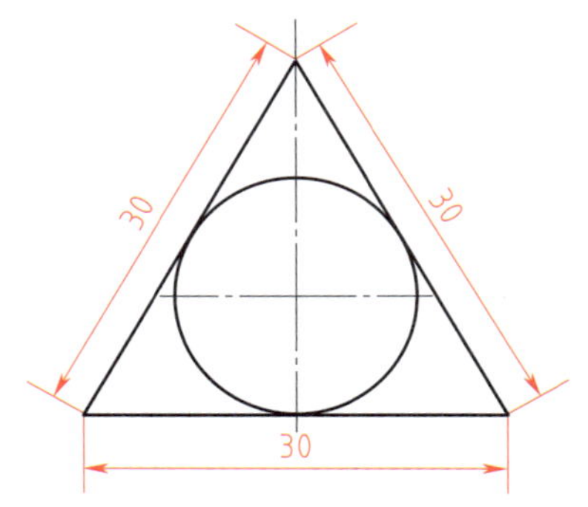

图 1–5　绘制等边三角形及其内接圆

5．在绘图过程中，经常要指定一些对象上已有的点，例如端点、圆心、切点、垂足和中点等。如果只凭观察来拾取，不可能非常准确地找到这些点。CAD 绘图软件提供的“对象捕捉”功能，可以迅速、准确地捕捉到这些特殊点，从而精确地绘制图形。试利用“对象捕捉”功能，绘制如图 1–6 所示等腰三角形及其内接圆，并简述其绘图步骤。

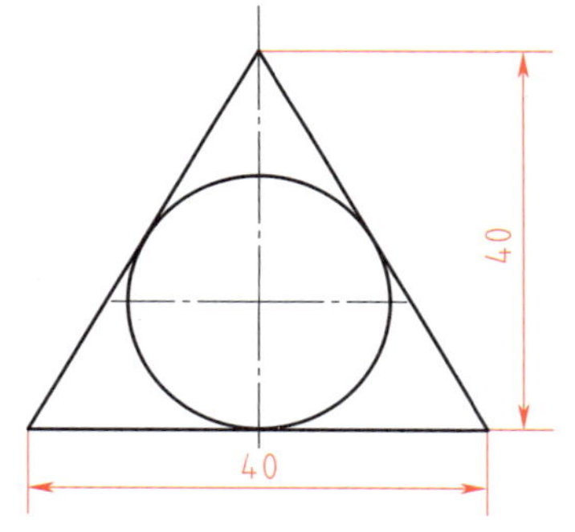

图 1–6　绘制等腰三角形及其内接圆

6．为了适应各种情况下圆弧的绘制，CAD 绘图软件提供了多种圆弧绘制方法，所用 CAD 绘图软件具有哪些绘制圆弧的方法？试利用“圆弧”命令，绘制如图 1–7 所示图形，并简述其绘图步骤。

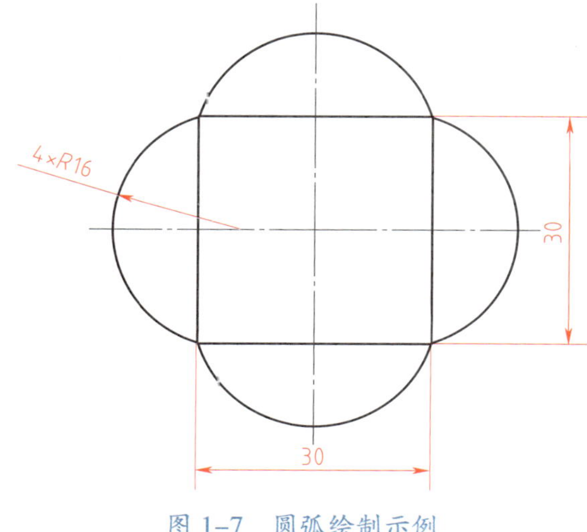

图 1–7　圆弧绘制示例

七、图形编辑

1．对当前图形进行编辑修改，是 CAD 绘图软件不可缺少的基本功能。它对提高绘图速度及质量都具有至关重要的作用。所用的 CAD 绘图软件图形编辑命令主要有哪些？可通过哪些方式执行图形编辑命令？

2．在 CAD 绘图软件中，如果想对已经生成的对象进行编辑，则必须拾取图形对象。所用的 CAD 绘图软件中拾取对象的方法有哪几种？各有何特点？

3．在没有执行任何命令的情况下选择对象，对象上将显示出若干个小方框，这些小方框称为对象的特征点，我们把这些特征点称为夹点。实际上，夹点就是对象上的控制点。使用夹点功能，可以方便地对图形进行拉伸、移动等编辑操作。试查看直线、圆和圆弧有几个夹点。通过哪个夹点可以拉伸对象？通过哪个夹点可以移动对象？

4．“修剪”命令 修剪 可以通过指定边界修剪对象的多余部分。试利用“修剪”命令将图 1–8a 所示图形修剪为图 1–8b。

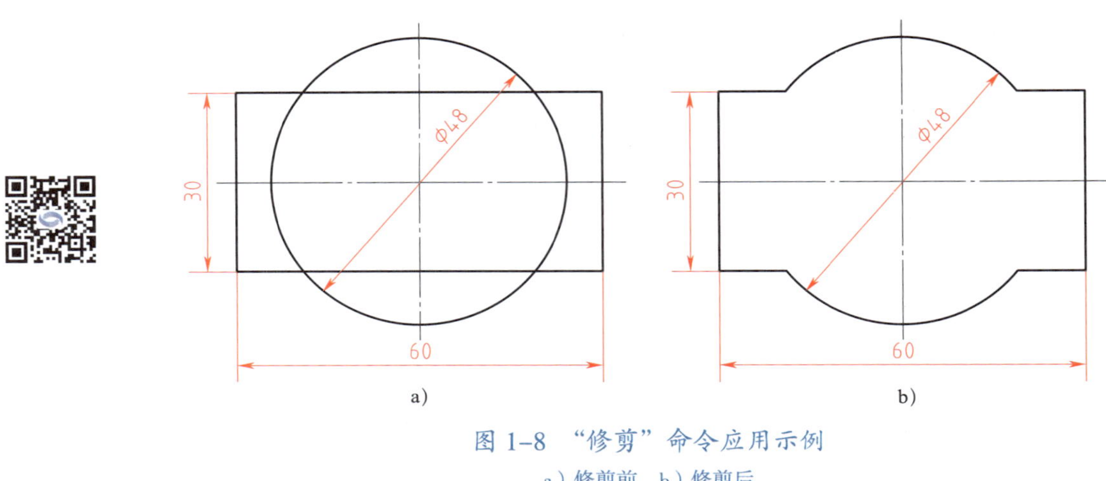

图 1–8 “修剪”命令应用示例

a）修剪前 b）修剪后

5．“删除”命令 可以删除多余或绘制有误的图形对象。试利用“删除”命令将图 1–9a 所示图形修改为图 1–9b。

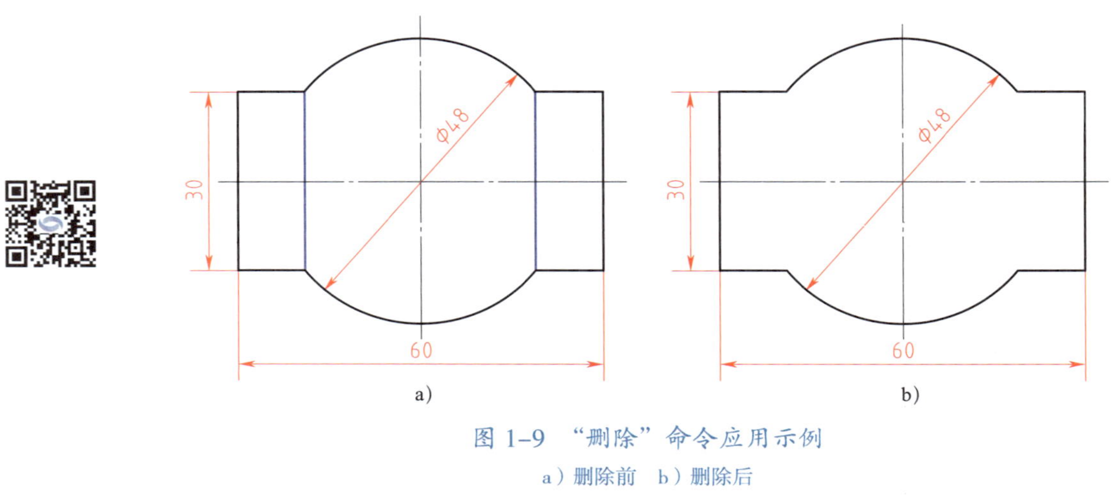

图 1–9 “删除”命令应用示例

a）删除前 b）删除后

6．“偏移”命令可以通过指定距离或通过指定点创建同心圆、平行线或等距曲线。在实际应用中，常利用“偏移”命令创建平行线或等距离分布的图形。试利用“偏移”命令完成图 1–10 所示图形的绘制。

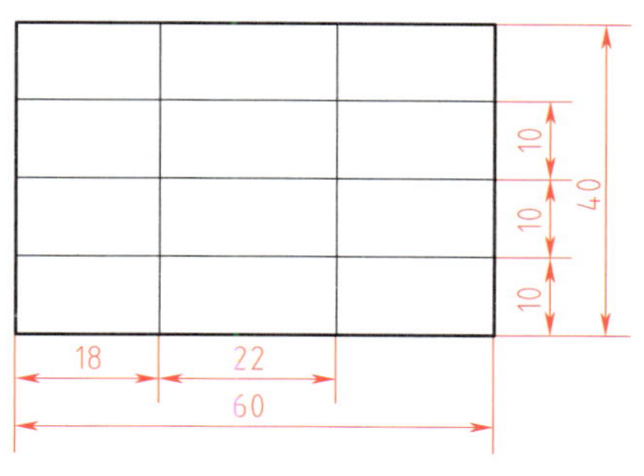

图 1–10　“偏移”命令应用示例

7．“镜像”命令 镜像 可以将拾取到的图形元素以某一条直线或线段为对称轴，进行镜像或对称复制。试利用“镜像”命令完成图 1–11 所示图形的绘制。

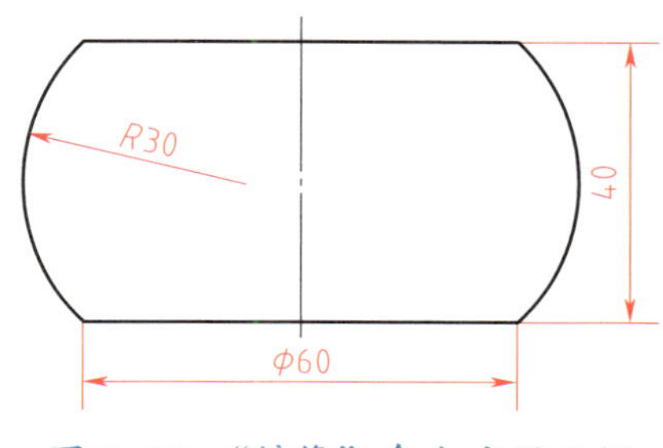

图 1–11　“镜像”命令应用示例

8．“圆角”命令可以运用与对象相切并且具有指定半径的圆弧连接两个对象。试利用“圆角”命令将图 1–12a 所示图形修改为图 1–12b。

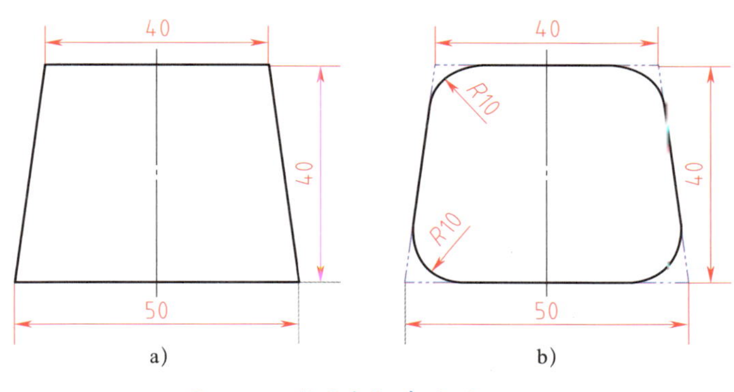

图 1–12　“圆角”命令应用示例

a）圆角前　b）圆角后

八、尺寸与文字标注

1．“线性”标注命令 线性 可以标注图样中的水平和竖直尺寸。试绘制如图 1–13 所示图形，并标注图中线性尺寸。

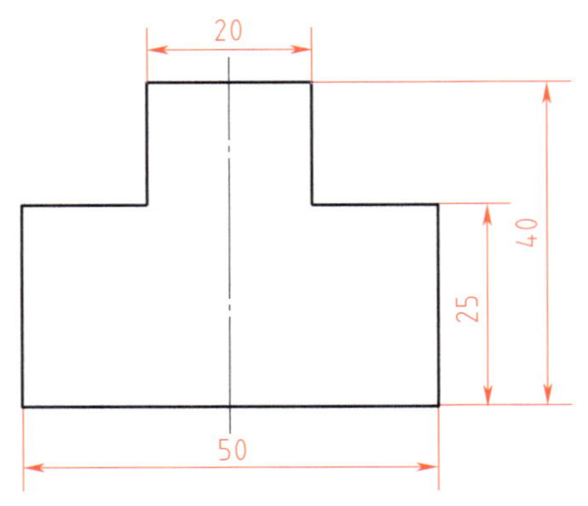

图 1-13　线性尺寸标注示例

2. 标注线性尺寸时，有时需要对尺寸数字增加前缀和后缀，如图 1-14 中的“$\phi 40_{-0.025}^{0}$”，数字“40”前有直径符号“ϕ”，数字“40”后有公差值。查阅资料，学习直径符号 ϕ 及“$_{-0.025}^{0}$”公差值的输入方法，并标注图中其他尺寸。

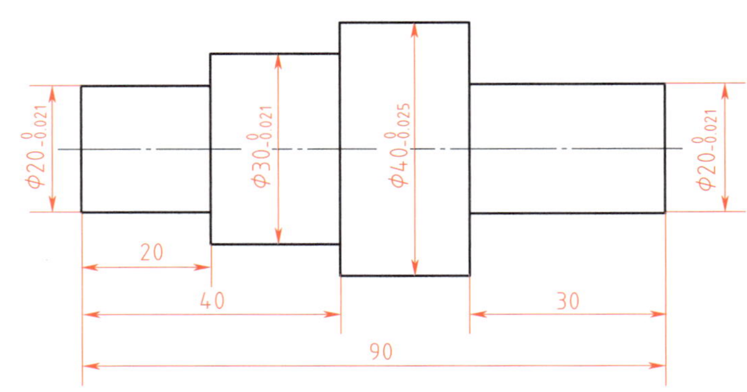

图 1-14　直径符号及公差值标注示例

3. “半径”标注命令可以标注图样中的圆或圆弧的半径，标注时会在数值前显示前缀“*R*”。“直径”标注命令可以标注圆的直径，标注时会在数值前显示前缀“ϕ”。试绘制图 1-15 所示图形，并标注尺寸。

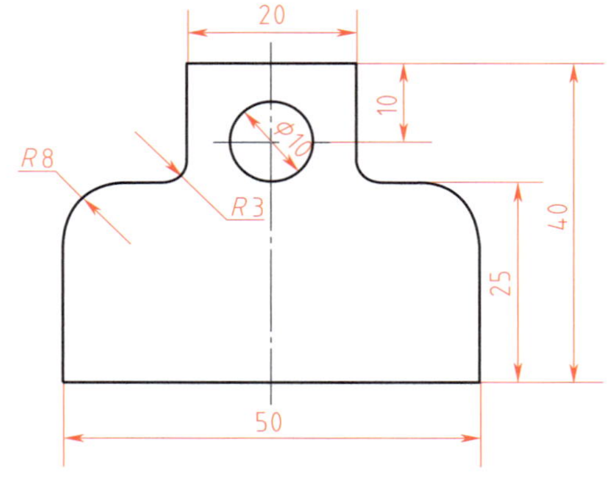

图 1-15　半径与直径尺寸标注示例

4．“多行文字”命令 A 可以创建多行文字对象。执行“多行文字”命令时，根据系统提示指定输入文字区域后，系统在功能区弹出“文字编辑器”选项卡（图 1–16），同时在绘图区弹出一个文本输入窗口（图 1–17）。通过文字编辑器可以设置文字行距、文本大小和对正方式等。通过文本输入窗口可以输入汉字、字母和符号等内容。试通过“多行文字”命令，在绘图区输入表 1–4 所列文字。

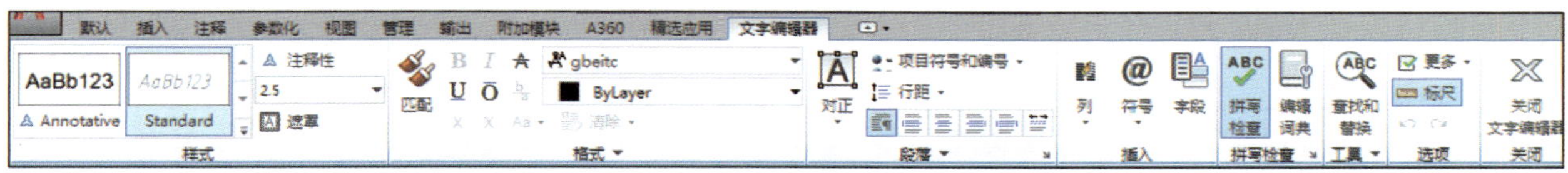

图 1–16　文字编辑器

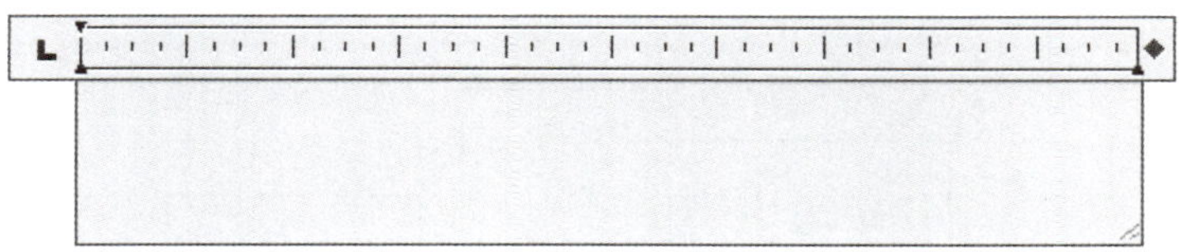

图 1–17　文本输入窗口

表 1–4　多行文字练习示例

字体类型	字号	练习示例
长仿宋字	7 号	字体工整、笔画清楚、间隔均匀、排列整齐
大写字母	5 号	*ABCDEFGHIJKLMNOPQRST*
阿拉伯数字	3.5 号	0123456789
其他	3.5 号	$20^{0}_{-0.021}$，$\frac{3}{5}$，$Ra0.8$，$\phi30$

5．国家标准《产品几何技术规范（GPS）技术产品文件中表面结构的表示法》（GB/T 131—2006）中给出了表面结构符号尺寸大小，如图 1–18 和表 1–5 所示。试绘制数字和字母高度 h 为 3.5 mm 时的表面结构符号。

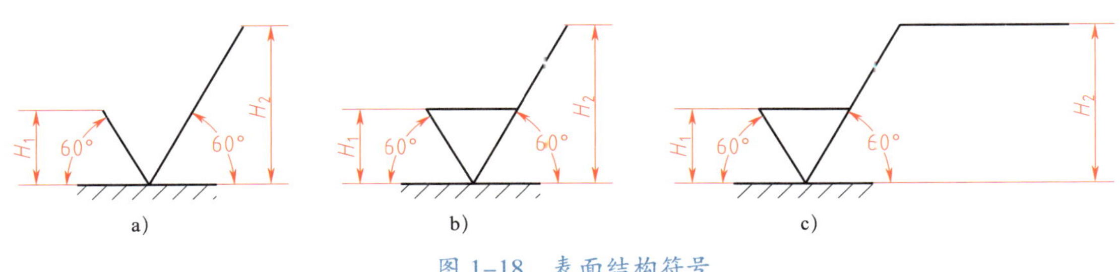

图 1–18　表面结构符号

a）基本图形符号　b）去除材料的扩展图形符号　c）去除材料的完整图形符号

表 1-5 表面结构图形符号尺寸 mm

数字和字母高度 h	2.5	3.5	5	7	10	14	20
符号和字母线宽	0.25	0.35	0.5	0.7	1	1.4	2
高度 H_1	3.5	5	7	10	14	20	28
高度 H_2（最小值）	7.5	10.5	15	21	30	42	60

注：H_2 取决于标注内容。

6．绘制如图 1-19 所示阶梯轴零件图，并标注尺寸。

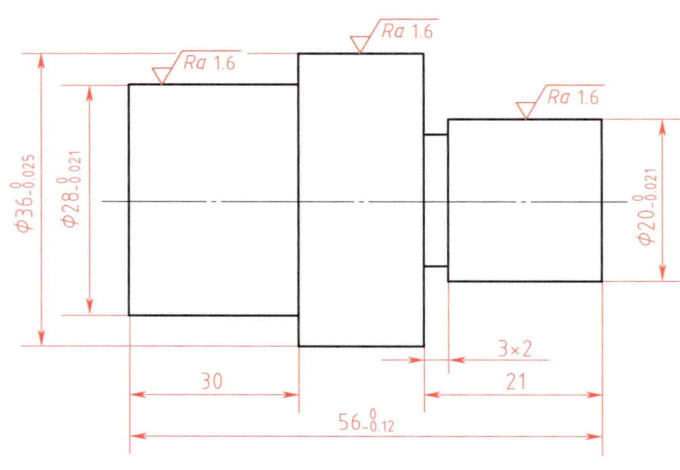

图 1-19 阶梯轴

学习活动 3　手轮手柄零件平面图形的绘制与打印

学习目标

1. 能绘制手轮手柄零件平面图形的图框和标题栏。
2. 能根据手轮手柄零件平面图形所用线型新建图层。
3. 能正确应用“直线”命令绘制手轮手柄零件中心线及左端直线轮廓。
4. 能正确应用“圆”命令绘制 $R10$ mm、$R15$ mm 圆弧和 $\phi 5$ mm 圆。
5. 能正确应用“等距”命令对中心线进行两边等距操作。
6. 能正确应用“相切、相切、半径”圆命令绘制 $R50$ mm 圆。
7. 能正确应用“圆角”命令绘制 $R12$ mm 圆弧。
8. 能正确应用“修剪”命令修剪掉多余的线条。
9. 能完成手轮手柄零件平面图形的尺寸和公差标注。
10. 能完成手轮手柄零件平面图形中的表面结构符号标注。
11. 能正确应用“多行文字”命令标注手轮手柄零件平面图形中的技术要求。
12. 能完成“打印”对话框的设置，并能打印手轮手柄零件平面图形。

建议学时：2 学时。

学习过程

一、绘图准备

工具：CAD 绘图软件。

材料：手轮手柄零件草图。

设备：计算机、打印机。

资料：工作任务书、手轮手柄零件生产工艺文件、计算机安全操作规程。

二、绘图过程

1．新建图层

启动 CAD 绘图软件，根据表 1–6 要求，新建四个图层。

表 1–6 图层参数要求

图层名称	颜色	线型	线宽
粗实线	黑色（或白色）	CONTINUOUS	0.5 mm
细实线	黑色（或白色）	CONTINUOUS	0.25 mm
中心线	红色	CENTER	0.25 mm
尺寸线	绿色	CONTINUOUS	0.25 mm

2．绘制图框和标题栏

根据手轮手柄零件平面图形的轮廓尺寸，绘制图框和标题栏。标题栏按国家标准《技术制图 标题栏》（GB/T 10609.1—2008）的规定绘制，如图 1–20 所示。

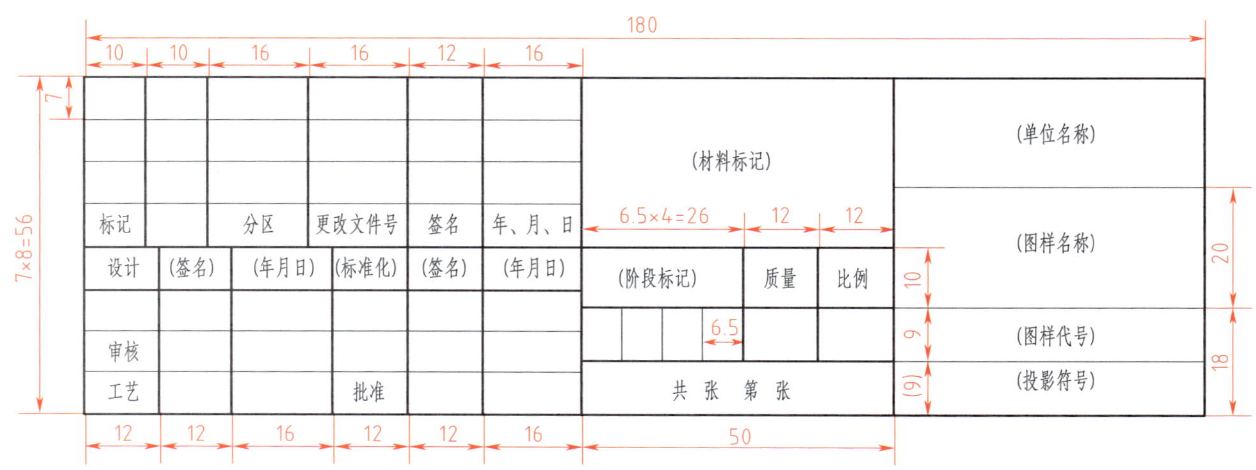

图 1–20 标题栏

3．绘制中心线

将中心线层设置为当前图层，利用“直线”命令绘制中心线。绘制中心线时需要控制长度吗?

4．绘制零件轮廓

（1）将粗实线层设置为当前图层，绘制手轮手柄零件平面图形左侧圆柱轮廓。如何快速地绘制出圆柱轮廓?

（2）绘制 R15 mm、R10 mm 圆弧。如何确定 R10 mm 圆弧的圆心?

（3）绘制 R50 mm 圆弧。利用哪种圆命令可以绘制出 R50 mm 圆弧？简述绘制步骤。

（4）绘制 R12 mm 圆弧。利用哪种命令可以快速绘制出 R12 mm 圆弧？简述绘制步骤。

5．整理和镜像图形

（1）整理图形，修剪和删除多余的线段，即可完成中心线上方轮廓的绘制，简述绘制步骤。

（2）绘制中心线下半部分轮廓。利用哪种命令可以快速绘制出中心线下半部分轮廓?

（3）根据机械制图标准，将中心线向左右两端各拉长 2 ~ 5 mm。简述绘制步骤。

三、标注尺寸和表面结构符号

1．标注线性尺寸

利用“线性”标注命令，标注长度尺寸 8 mm、15 mm、75 mm、ϕ20 mm、ϕ32 mm。根据学习活动一分析可知，8 mm 和 ϕ20 mm 需要标注公差，它们的公差应为多少？如何输入直径符号？

2．标注半径

图样中有四处圆弧需要标注半径，其中 R12 mm、R50 mm、R10 mm 可直接标注，R15 mm 标注空间较小，采用引出标注的方式，怎样修改标注样式才能生成引出标注？

3．标注直径

ϕ5 mm 为销孔直径，应标注公差等级或公差值。查阅资料，确定销孔的公差等级。

4．标注表面结构符号

手轮手柄零件平面图形中哪些轮廓需要标注表面结构符号？具体的表面粗糙度值为多少？

四、打印图形

1．如何打开“打印”对话框？

2．在“打印”对话框中，需要完成哪些设置？

3．若使图形大小与实物大小一致，需要如何设置？

学习活动 4　绘图检测与质量分析

学习目标

1. 能判别图幅大小是否合适，布图方案是否合理。
2. 能判别标题栏绘制是否正确，内容填写是否规范。
3. 能判别绘图所用线型是否正确，零件轮廓是否清晰。
4. 能判别尺寸标注是否完整。
5. 能判别公差标注是否合理。
6. 能判别表面结构符号标注是否正确。
7. 能判别所标注的技术要求是否规范。
8. 能根据发现的问题，修改所绘制的图形。
9. 能正确填写任务记录单。

建议学时：2 学时。

学习过程

一、绘图检测（表 1–7）

表 1–7　　绘图检测内容及检测结果

序号	绘图要求	绘图检测
1	图幅大小合适，布图方案合理	
2	标题栏绘制正确，内容填写规范	
3	绘图所用线型正确	
4	零件轮廓清晰，无缺线	
5	尺寸标注完整，无遗漏	
6	公差标注合理，无错误	
7	表面结构符号标注正确	
8	技术要求书写规范	

二、问题分析

归纳问题产生的原因和预防方法，填入表 1–8 中。

表 1–8　问题种类、产生原因及预防方法

问题种类	产生原因	预防方法

三、修改图样

按照绘图检测结果修改图样并保存。

四、打印图形

打印一张手轮手柄零件平面图形，上交技术主管进行审核。审核合格后，打印所需数量的图纸，上交技术主管，并认真填写任务记录单。

学习活动 5　工作总结与评价

学习目标

1. 能按分组情况派代表展示工作成果，讲述本次任务的完成情况，并做分析总结。

2. 能结合自身任务完成情况，正确、规范地撰写工作总结（心得体会）。

3. 能就本次任务中出现的问题提出改进措施。

4. 能对学习与工作进行反思总结，并能与他人开展良好合作，进行有效的沟通。

建议学时：2 学时。

学习过程

一、个人评价

按表 1–9 中的评分标准进行个人评价。

表 1–9　　个人综合评价表

项目	序号	技术要求	配分	评分标准	得分
零件平面图形分析（25%）	1	零件轮廓尺寸分析正确	5	错一处扣 1 分	
	2	定形与定位尺寸分析正确	5	错一处扣 1 分	
	3	线段性质分析正确	5	错一处扣 1 分	
	4	线型分析正确	5	错一处扣 1 分	
	5	绘图思路分析清晰合理	5	错一处扣 1 分	
软件操作（25%）	6	软件安装方法正确	10	错一处扣 1 分	
	7	软件基本操作正确	10	错一处扣 1 分	
	8	基本图形的绘制正确	5	错一处扣 1 分	

续表

项目	序号	技术要求	配分	评分标准	得分
绘图质量（40%）	9	图幅大小合适，布图方案合理	5	不合格，不得分	
	10	标题栏绘制正确，内容填写规范	5	错一处扣 1 分	
	11	绘图所用线型正确	5	错一处扣 1 分	
	12	零件轮廓清晰，无缺线	5	错一处扣 1 分	
	13	尺寸标注完整，无遗漏	5	错一处扣 1 分	
	14	公差标注合理，无错误	5	错一处扣 1 分	
	15	表面结构符号标注正确	5	错一处扣 2 分	
	16	技术要求书写规范	5	错一处扣 2 分	
安全文明生产（10%）	17	操作安全	5	违反一次扣 2 分	
	18	机房清理	5	不合格不得分	
总得分					

二、小组评价

把打印好的手轮手柄零件平面图形先进行分组展示，再由小组推荐代表做必要的介绍。在展示的过程中，以小组为单位进行评价；评价完成后，根据其他小组成员对本组展示的成果进行评价，并将评价意见归纳总结。完成如下项目：

1．本小组展示的手轮手柄零件平面图形符合机械制图标准吗？

很好□　　一般□　　不准确□

2．本小组介绍成果表达是否清晰？

很好□　　一般，常补充□　　不清晰□

3．本小组演示的手轮手柄零件平面图形绘制方法正确吗？

正确□　　部分正确□　　不正确□

4．本小组演示操作时遵循“6S”工作要求吗？

符合工作要求□　　忽略了部分要求□　　完全没有遵循□

5．本小组所用的计算机、打印机保养完好吗？

良好□　　一般□　　不合要求□

6．本小组的成员团队创新精神如何？

良好□　　一般□　　不足□

三、教师评价

教师对展示的图样分别做评价。

1．找出各组的优点进行点评。

2．对展示过程中各组的缺点进行点评，提出改进方法。

3．对整个任务完成中出现的亮点和不足进行点评。

四、总结提升

1．回顾本次学习任务的工作过程，归纳整理所学知识和技能。

2．试结合自身任务完成情况，通过交流讨论等方式，较全面、规范地撰写本次任务的工作总结。

工作总结（心得体会）

评价与分析

学习任务一评价表

班级			姓名			学号		
项目	自我评价			小组评价			教师评价		
	10 ~ 9 分	8 ~ 6 分	5 ~ 1 分	10 ~ 9 分	8 ~ 6 分	5 ~ 1 分	10 ~ 9 分	8 ~ 6 分	5 ~ 1 分
	占总评 10%			占总评 30%			占总评 60%		
学习活动 1									
学习活动 2									
学习活动 3									
学习活动 4									
学习活动 5									
表达能力和分析能力									
协作精神									
纪律观念									
工作态度									
任务总体表现									
小计分									
总评分									

任课教师：　　　　年　　月　　日

任务拓展

轮毂零件平面图形的绘制

一、工作情境描述

企业设计部接到一项绘图任务：根据提供的轮毂零件草图（图 1–21）绘制出其零件平面图形，便于生产部门进行批量生产。技术主管将绘图任务分配给绘图员张强，让他应用计算机绘图软件进行绘制，并将零件平面图形打印出来。

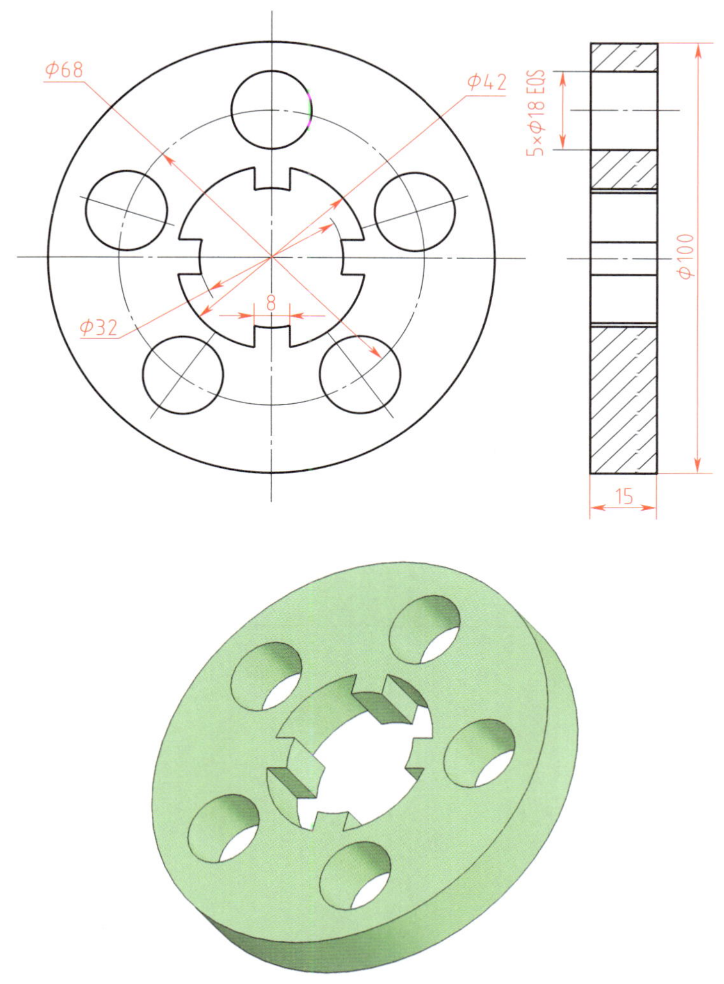

图 1–21　轮毂零件草图

二、评分标准

按表 1–10 所示项目和技术要求，对绘制的轮毂平面图形进行评分。

表 1–10 轮毂零件平面图形绘制评分标准

项目	序号	技术要求	配分	评分标准	得分
零件平面图形分析（25%）	1	零件轮廓尺寸分析正确	5	错一处扣 1 分	
	2	定形与定位尺寸分析正确	5	错一处扣 1 分	
	3	线段性质分析正确	5	错一处扣 1 分	
	4	线型分析正确	5	错一处扣 1 分	
	5	绘图思路分析清晰合理	5	错一处扣 1 分	
软件操作（25%）	6	软件基本操作正确	5	错一处扣 1 分	
	7	绘图与修改命令应用正确	10	错一处扣 1 分	
	8	基本图形的绘制正确	10	错一处扣 1 分	
绘图质量（40%）	9	图幅大小合适，布图方案合理	5	不合格，不得分	
	10	标题栏绘制正确，内容填写规范	5	错一处扣 1 分	
	11	绘图所用线型正确	5	错一处扣 1 分	
	12	零件轮廓清晰，无缺线	5	错一处扣 1 分	
	13	尺寸标注完整，无遗漏	5	错一处扣 1 分	
	14	公差标注合理，无错误	5	错一处扣 1 分	
	15	表面结构符号标注正确	5	错一处扣 2 分	
	16	技术要求书写规范	5	错一处扣 2 分	
安全文明生产（10%）	17	操作安全	5	违反一次扣 2 分	
	18	机房清理	5	不合格不得分	
总得分					

世赛知识

机械制图国家标准的发展过程

世界技能大赛中使用的机械图样都是按照国际标准（ISO）绘制的。要了解国际标准，首先要了解我国机械制图国家标准的发展历程。机械制图国家标准的发展过程就是与国际标准逐步接轨的过程。

我国机械制图国家标准的发展主要经历了以下三个阶段。

第一阶段（1951—1974 年），为我国机械制图标准的初级阶段。我国第一套机械制图标准是 1959 年批准颁布的。

第二阶段（1974—1985 年），为适应改革开放的需要，跟踪国际标准（ISO）制定了 17 项机械制图国家标准，于 1985 年颁布实施。

第三阶段（2002 年至今），为了与国际接轨，参照国际标准（ISO），2002 年和 2003 年集中修订了一批制图标准，将 17 项国家标准中的 14 项进行了修订，并于 2003 年开始实施。后来又陆续发布了多项技术制图和机械制图标准。现行的国家标准共 37 项，其中技术制图标准 19 项。

学习任务二　传动轴零件平面图形的绘制

学习目标

1. 通过识读标题栏，了解传动轴的材料、绘图比例。

2. 通过识读传动轴零件平面图形，确定传动轴的结构形状、尺寸、几何公差和表面质量要求。

3. 通过识读技术要求，确定传动轴的热处理要求和未注公差尺寸要求。

4. 能独立完成图层、线型、文字样式、标注样式等内容的设置。

5. 能根据传动轴零件的结构，确定绘图方法。

6. 能根据传动轴零件平面图形的分析，做好计算机绘图前的准备工作。

7. 能绘制传动轴零件平面图形的图框和标题栏。

8. 能应用“直线”“圆”“延伸”“等距”“倒角”“图案填充”“镜像”“修剪”等命令绘制传动轴零件平面图形。

9. 能完成传动轴零件平面图形上的尺寸、基准符号、几何公差和表面结构符号等内容的标注。

10. 能应用“多行文字”命令标注技术要求。

11. 能设置“打印”对话框，并打印出传动轴零件平面图形。

12. 能检测和判断绘图质量。

13. 能根据发现的问题，修改所绘制的图形。

14. 能按分组情况，分别派代表展示工作成果，说明本次任务的完成情况并做分析总结。

15. 能按机房操作规程，正确使用、维护和保养计算机、打印机等设备。

16. 能严格执行企业操作规程、企业质量体系管理制度、安全生产制度、环保管理制度、“6S”管理制度等企业管理规定。

建议学时

12 学时。

工作情境描述

企业设计部接到一项绘图任务：根据提供的传动轴零件平面图形（图 2-1）绘制 CAD 图形，便于生产部门进行批量生产。技术主管将绘图任务分配给绘图员张强，让他应用计算机绘图软件进行绘制，并将零件平面图形打印出来。

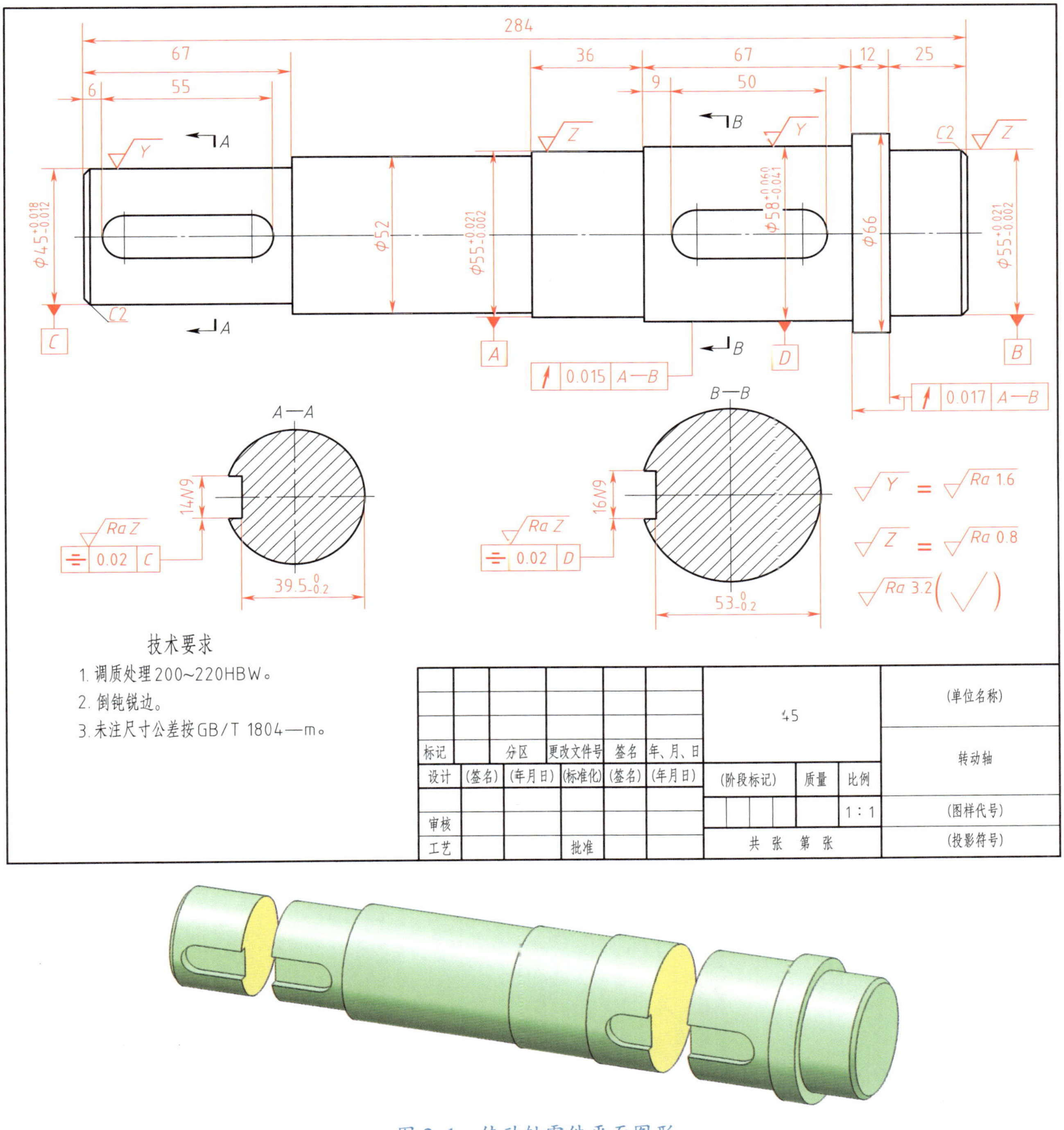

技术要求

1. 调质处理 200~220HBW。
2. 倒钝锐边。
3. 未注尺寸公差按 GB/T 1804—m。

						45			(单位名称)
标记		分区	更改文件号	签名	年、月、日				转动轴
设计	(签名)	(年月日)	(标准化)	(签名)	(年月日)	(阶段标记)	质量	比例	
								1∶1	(图样代号)
审核									
工艺			批准			共　张　第　张			(投影符号)

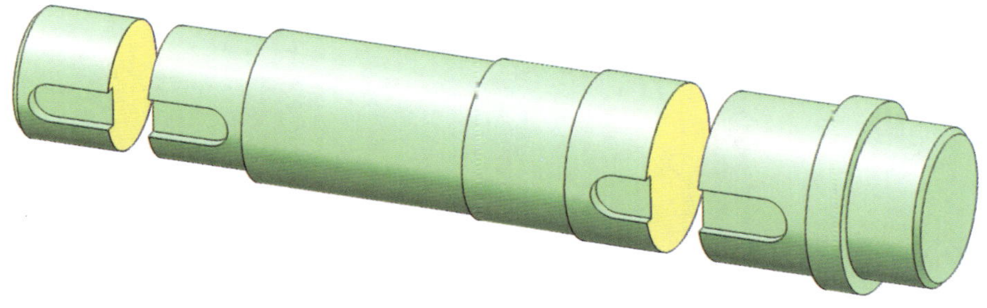

图 2-1　传动轴零件平面图形

工作流程与活动

1．传动轴零件平面图形的分析（2 学时）
2．绘图软件的基本操作（2 学时）
3．传动轴零件平面图形的绘制与打印（4 学时）
4．绘图检测与质量分析（2 学时）
5．工作总结与评价（2 学时）

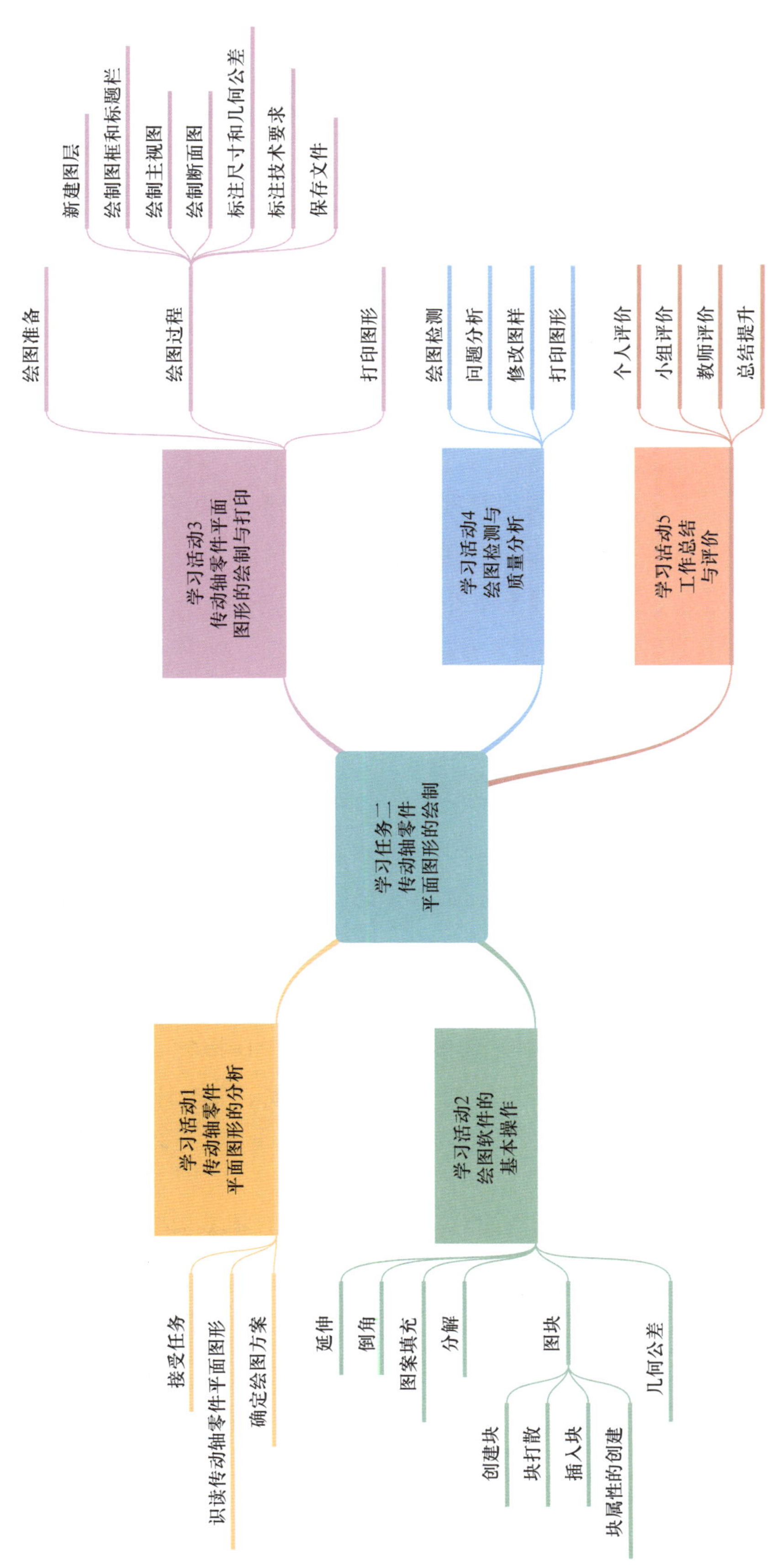
学习任务二
传动轴零件
平面图形的绘制
学习活动1
传动轴零件
平面图形的分析
接受任务
识读传动轴零件平面图形
确定绘图方案
学习活动2
绘图软件的
基本操作
延伸
倒角
图案填充
分解
图块
创建块
块打散
插入块
块属性的创建
几何公差
学习活动3
传动轴零件平面
图形的绘制与打印
绘图准备
绘图过程
新建图层
绘制图框和标题栏
绘制主视图
绘制断面图
标注尺寸和几何公差
标注技术要求
保存文件
打印图形
学习活动4
绘图检测与
质量分析
绘图检测
问题分析
修改图样
打印图形
学习活动5
工作总结
与评价
个人评价
小组评价
教师评价
总结提升

学习活动 1　传动轴零件平面图形的分析

学习目标

1. 通过识读标题栏，了解传动轴的材料、绘图比例。

2. 通过识读主视图，确定传动轴的结构形状、尺寸、几何公差和表面质量要求。

3. 通过识读主视图和断面图，确定传动轴上键槽的尺寸、几何公差和表面质量要求。

4. 通过识读技术要求，确定传动轴的热处理要求和未注公差尺寸要求。

5. 通过识读传动轴零件平面图形，确定图幅、图层、线型、文字样式、标注样式等内容的设置。

6. 能根据传动轴零件的结构，确定绘图方法和步骤。

7. 能与生产技术人员、生产主管等相关人员沟通，了解绘制传动轴零件平面图形所用到的 CAD 指令。

8. 能根据传动轴零件平面图形分析，做好计算机绘图前的准备工作。

建议学时：2 学时。

学习过程

一、接受任务

听技术主管描述本次绘图任务，正确填写任务记录单（表 2-1）。

表 2-1　　任务记录单

部门名称				出图数量	
任务名称				预交付时间	年　月　日
下单人		年　月　日	接单人		年　月　日
制图		年　月　日	审核		年　月　日
批准		年　月　日	交付人		年　月　日

二、识读传动轴零件平面图形

1．查阅资料，询问技术主管，明确传动轴的用途。

2．传动轴是由哪种材料制造的？其零件平面图形采用的绘图比例是多少？

3．传动轴零件平面图形采用几个视图来表达零件的形状和结构？

4．传动轴是由哪几部分构成的？各部分的作用分别是什么？

5．传动轴的尺寸基准有几处？

6．传动轴哪些部位有配合要求？各配合表面的表面粗糙度要求分别是多少？

7．传动轴上绘制了两处键槽，各键槽的尺寸分别是多少？键槽上标注哪些几何公差？

8．传动轴哪些部位标注了几何公差要求？

9．传动轴零件平面图形的技术要求表达了哪些信息？

10．绘制传动轴零件平面图形采用了几种线型？各线型分别表达了什么含义？

三、确定绘图方案

1．绘制传动轴零件平面图形采用哪种图纸幅面最合适？

2．如何应用 CAD 绘图软件快速绘制出标题栏？

3．传动轴主视图主要是由直线轮廓组成，与技术主管交流，找出快速绘制传动轴主视图的方法。

4．简述绘制主视图上键槽的方法。

5．如何绘制断面图上的剖面线?

6．如何快速标注基准符号和表面结构符号?

7．如何标注传动轴零件平面图形上的几何公差?

8．简述绘制传动轴零件平面图形的步骤。

9．与生产技术人员、生产主管等相关人员沟通，了解绘制传动轴零件平面图形所用到的 CAD 指令有哪些。

学习活动 2　绘图软件的基本操作

学习目标

1. 能利用“延伸”命令将对象延伸至选择的边界。

2. 能按选择对象的次序应用指定的距离和角度进行倒角。

3. 能利用“填充图案”或“填充”命令对封闭区域或选定对象进行填充。

4. 能将表面结构符号和基准符号创建为图块，并将创建的图块插入到指定位置。

5. 能利用“公差”命令，标注几何公差。

6. 能利用“分解”命令，将图块、标注等复合对象进行分解。

7. 能按机房操作规程和“6S”管理要求，正确使用、维护和保养计算机、打印机等设备。

建议学时：2 学时。

学习过程

一、延伸

“延伸”命令用于将线段、曲线等对象延伸到指定边界对象上，使其与指定的边界对象相交。

1．执行“延伸”命令的方式有哪几种?

2．应用“延伸”命令，将图 2–2a 所示竖直线和斜线延伸至与中心线相交或与中心线的延长线相交，结果如图 2–2b 所示。竖直线可以直接延伸，斜线可以直接延伸吗？需要怎样操作才能将其延伸？

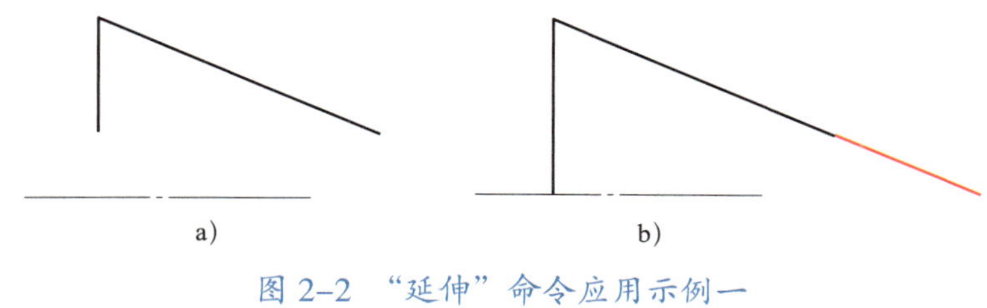

图 2–2　“延伸”命令应用示例一
a）延伸前　b）延伸后

3．利用“延伸”命令，将图 2–3a 中的短竖直线延伸至中心线，结果如图 2–3b 所示。

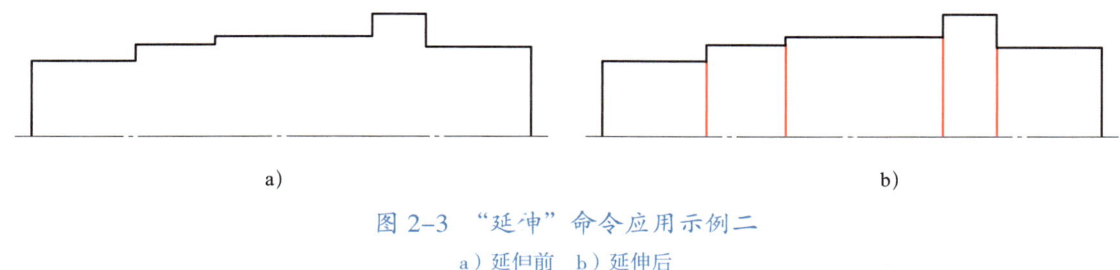

图 2–3　“延伸”命令应用示例二
a）延伸前　b）延伸后

二、倒角

“倒角”命令用于以一条斜线连接两条非平行的直线。

1．执行“倒角”命令方式有哪些？

2．利用“倒角”命令绘制图 2-4a 所示台阶轴两端 $C2$ mm 和中间两处 $C1$ mm 倒角，绘制结果如图 2-4b 所示。

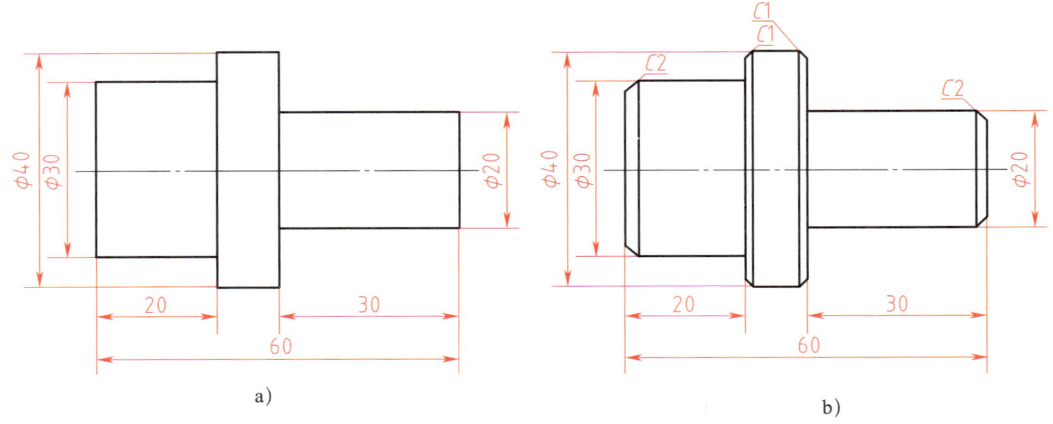

a)　　b)

图 2-4 “倒角”命令应用示例

a）倒角前　b）倒角后

三、图案填充

绘制物体的剖面或断面时，常常需要使用某一种图案来充满某个指定区域，这个过程即为图案填充。

1．执行“图案填充”命令的方式有哪几种?

2．利用“图案填充”命令在图 2-5a 中 $\phi 40$ mm 圆与 $\phi 60$ mm 圆之间的环形区域绘制剖面线，结果如图 2-5b 所示。

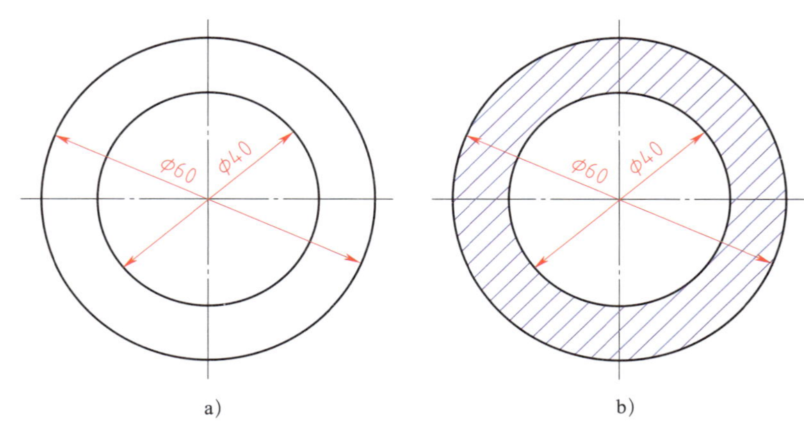

a)　　b)

图 2-5 “图案填充”命令应用示例

a）图案填充前　b）图案填充后

四、分解

“分解”命令可以将多段线、标注、图案填充或块等复合对象转变为基本图形对象。

1. 执行“分解”命令的方法有哪几种?

2. 利用“分解”命令将图 2-6 所示复合对象分解为基本图形对象。

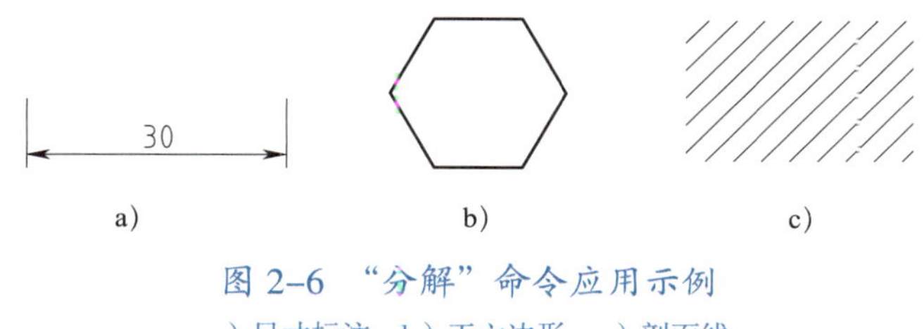

图 2-6 “分解”命令应用示例

a）尺寸标注　b）正六边形　c）剖面线

五、图块

图块又称为块，它是将多个图形元素组合在一起，形成一个整体的图形单元。用户可以将这个图形集合单元作为单一的图形对象进行编辑和使用。用户可以根据绘图需要把块插入到图中的指定位置，在插入时还可以指定不同的缩放比例和旋转角度。

1. 创建块

创建块是指将一组图形对象定义为一个块对象。每个块对象包含块名称、一个或者多个对象、用于插入块的基点坐标值和相关的属性数据。

（1）执行“创建块”命令的方式有哪几种?

（2）将图 2-7 所示图形创建为块。

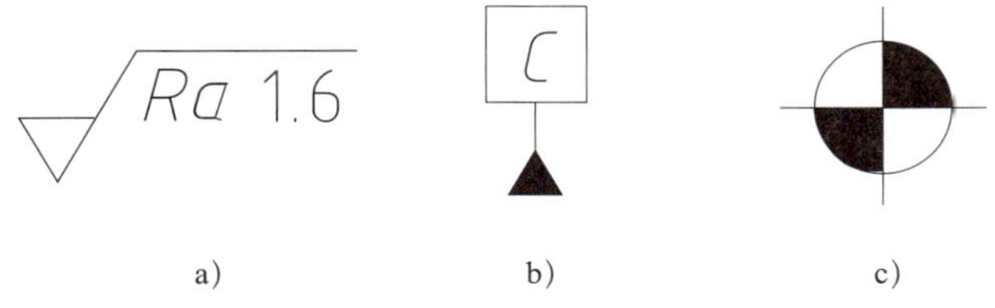

图 2-7 “创建块”命令应用示例

a）表面结构符号　b）基准符号　c）坐标系原点符号

2．块打散

块打散是指将已经存在的块打散成为单个的实体，块打散是块生成的逆过程。

（1）利用什么指令可将块打散？

（2）将图 2-8a 所示图块打散，并修改为图 2-8b 所示图形。

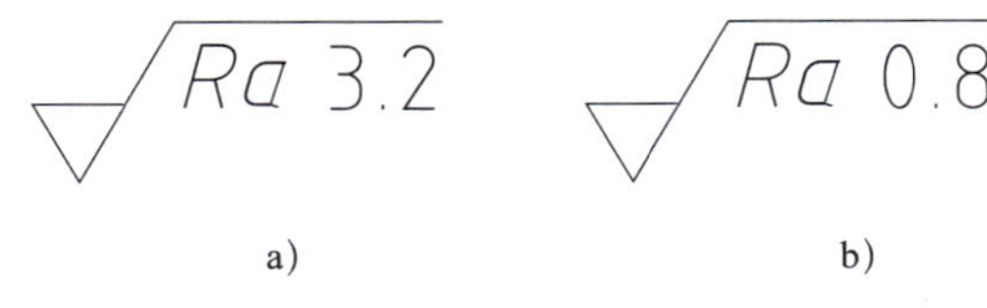

图 2-8 “块打散”命令应用示例

a）打散前 b）打散并修改后

3．插入块

插入块是指选择一个块并插入当前图形中。

（1）执行“插入块”命令的方式有哪几种？

（2）利用“插入块”命令标注图 2-9a 所示图形的表面结构符号，结果如图 2-9b 所示。

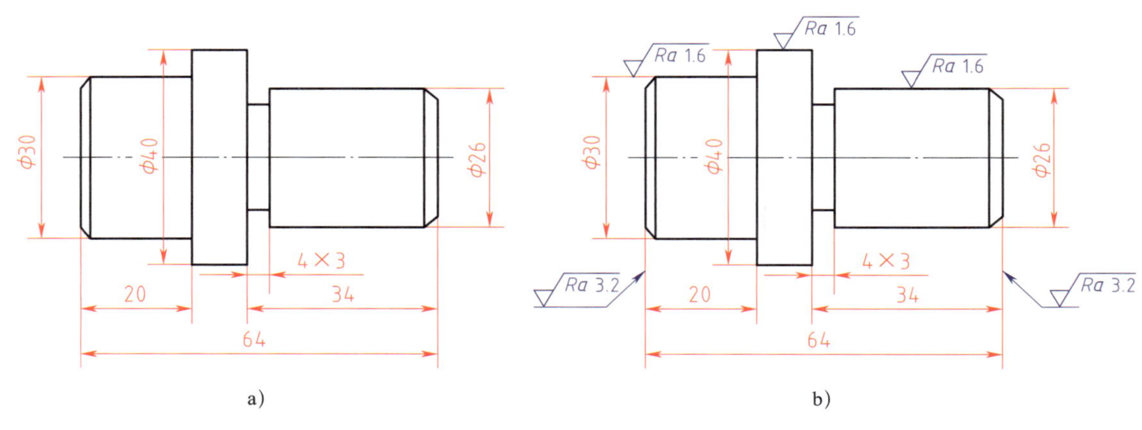

图 2-9 “插入块”命令应用示例

a）插入前 b）插入后

4．块属性的创建

在制图过程中，经常遇到图形中的一些重复单元虽具有相同的形状，但其表达的含义不尽相同。为加以区别，需要在重复单元上标注文字信息以表达该单元的特殊属性。例如，机械图样标注中表面结构符号上标注的表面粗糙度值、基准符号中标注的基准字母。

（1）执行“定义属性”命令的方式有哪几种？

（2）以“FH”为重复单元上标注的文字信息，对图 2-10 所示的表面结构符号进行属性定义。标记为“FH”，提示为“表面结构符号”，默认为“*Ra*1.6”，文字对正为“左对正”，文字样式为“Standard”，字高为“3.5”。

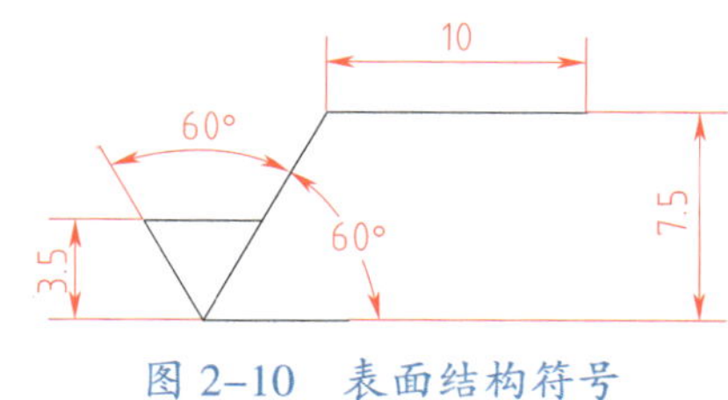

图 2-10　表面结构符号

（3）标注图 2-11a 所示各面的表面结构符号，结果如图 2-11b 所示。

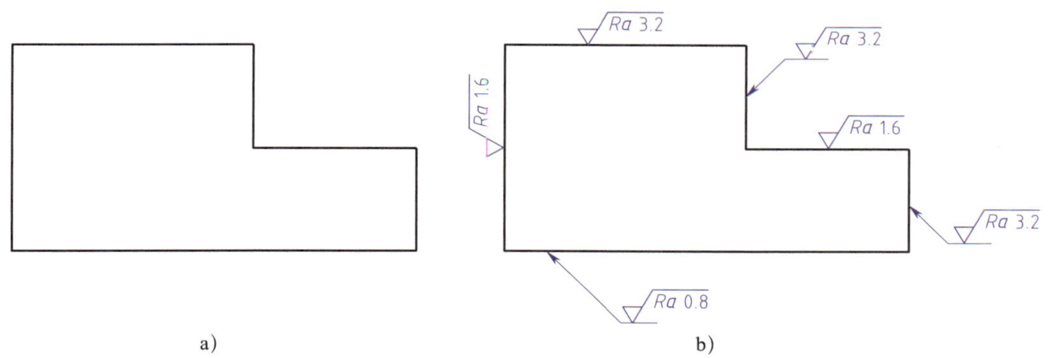

图 2-11　表面结构符号标注示例

a）标注前　b）标注后

六、几何公差

利用“公差”命令，可创建包含在特征控制框中的几何公差。国家标准规定，几何公差包括形状公差、方向公差、位置公差和跳动公差四项内容。

1．执行“公差”命令的方式有哪几种？

2．利用“公差”命令标注图 2–12 中的几何公差。

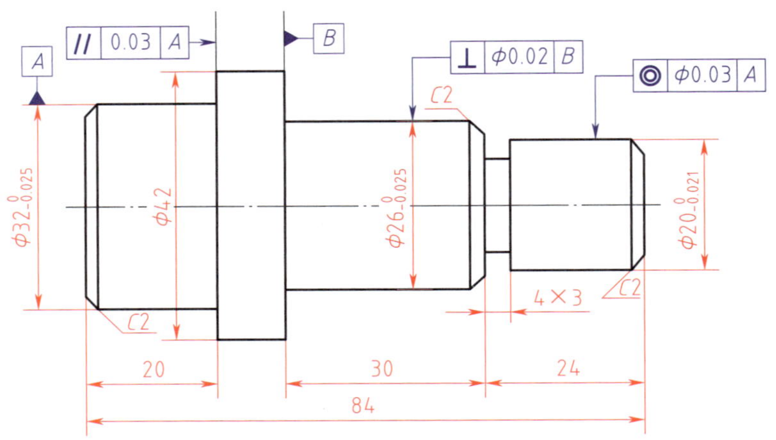

图 2–12　几何公差标注示例

学习活动 3　传动轴零件平面图形的绘制与打印

学习目标

1. 能绘制传动轴零件平面图形的图框和标题栏。

2. 能根据传动轴零件平面图形所用线型新建图层。

3. 能正确应用“直线”“延伸”“倒角”“镜像”等命令绘制主视图。

4. 能正确应用“直线”“圆”“等距”“图案填充”等命令绘制断面图。

5. 能正确应用“线性”标注命令，完成主视图和断面图的线性尺寸标注。

6. 能创建基准和表面结构符号图块，并能应用“插入块”命令完成基准和表面结构符号的标注。

7. 能正确应用“公差”命令标注几何公差。

8. 能正确应用“多行文字”命令标注传动轴零件平面图形中的技术要求。

9. 能完成“打印”对话框的设置，并能打印传动轴零件平面图形。

建议学时：4 学时。

学习过程

一、绘图准备

工具：CAD 绘图软件。

材料：传动轴零件平面图形。

设备：计算机、打印机。

资料：工作任务书、传动轴零件生产工艺文件、计算机安全操作规程。

二、绘图过程

1．新建图层

启动 CAD 绘图软件，根据表 2–2 要求，新建四个图层。

表 2–2　　图层参数要求

图层名称	颜色	线型	线宽
粗实线	黑色（或白色）	CONTINUOUS	0.5 mm
细实线	黑色（或白色）	CONTINUOUS	0.25 mm
中心线	红色	CENTER	0.25 mm
尺寸线	绿色	CONTINUOUS	0.25 mm

2．绘制图框和标题栏

根据传动轴零件平面图形的轮廓尺寸，绘制图框和标题栏。标题栏按国家标准《技术制图　标题栏》（GB/T 10609.1—2008）的规定绘制。

3．绘制主视图

（1）绘制长为 290 mm 的中心线。

（2）利用“直线”命令，绘制如图 2–13 所示主视图上半部分轮廓。

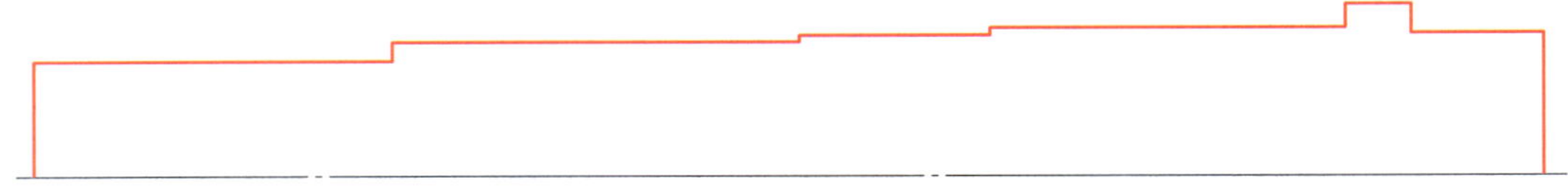

图 2–13　绘制主视图上半部分轮廓

（3）利用“延伸”命令，延伸短竖直线至中心线，如图 2–14 所示。

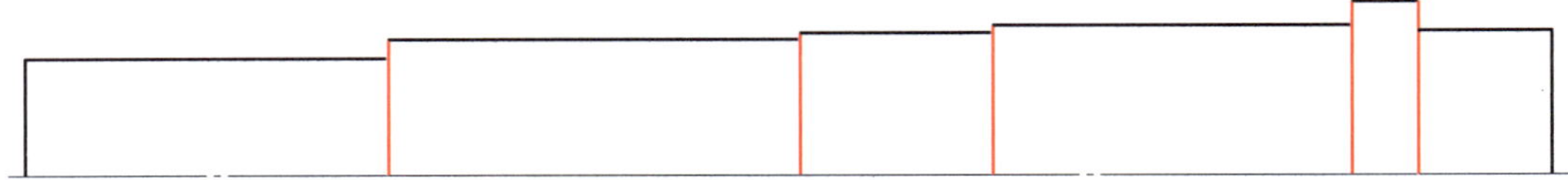

图 2–14　延伸短竖直线至中心线

（4）利用“倒角”命令绘制两端 $C2$ mm 倒角，并绘制倒角线，如图 2–15 所示。

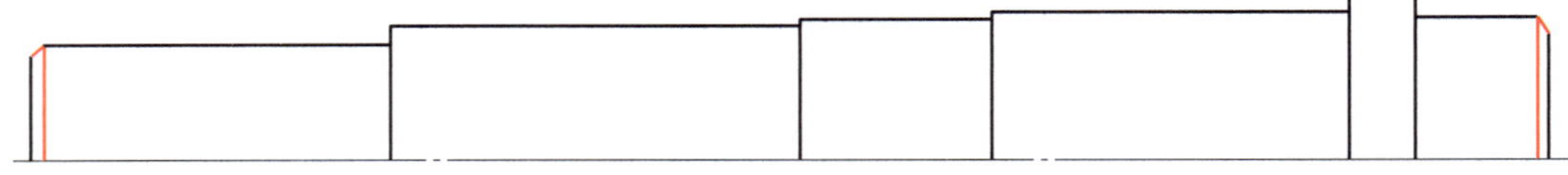

图 2–15　倒角

（5）利用“镜像”命令，将主视图上半部分轮廓镜像生成下半部分轮廓，如图 2–16 所示。

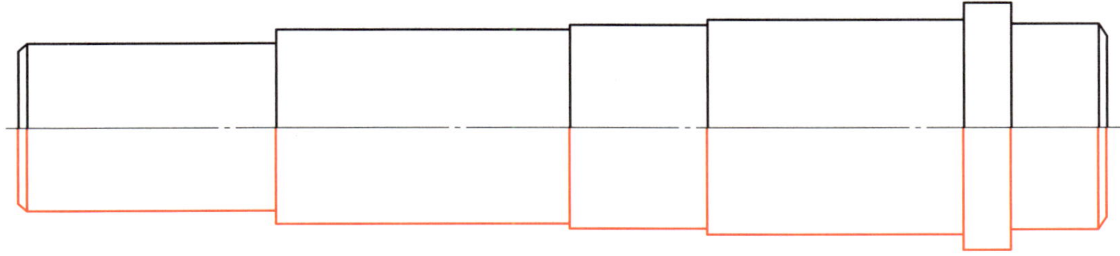

图 2–16　镜像生成下半部分轮廓

（6）绘制主视图上的两处键槽，如图 2–17 所示。

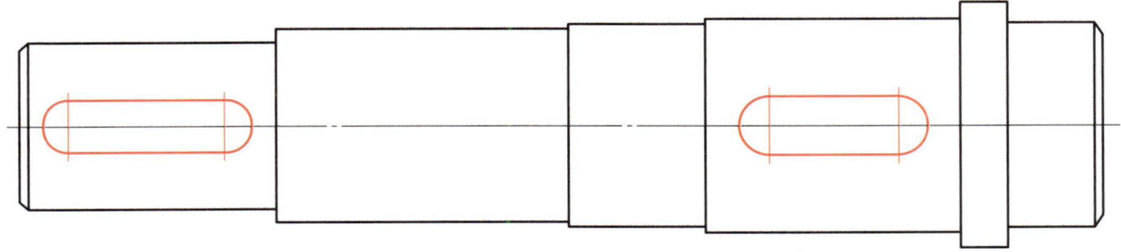

图 2–17　绘制主视图上的两处键槽

4．绘制断面图

利用“直线”“圆”“等距”“图案填充”等命令绘制两断面图，如图 2–18 所示。

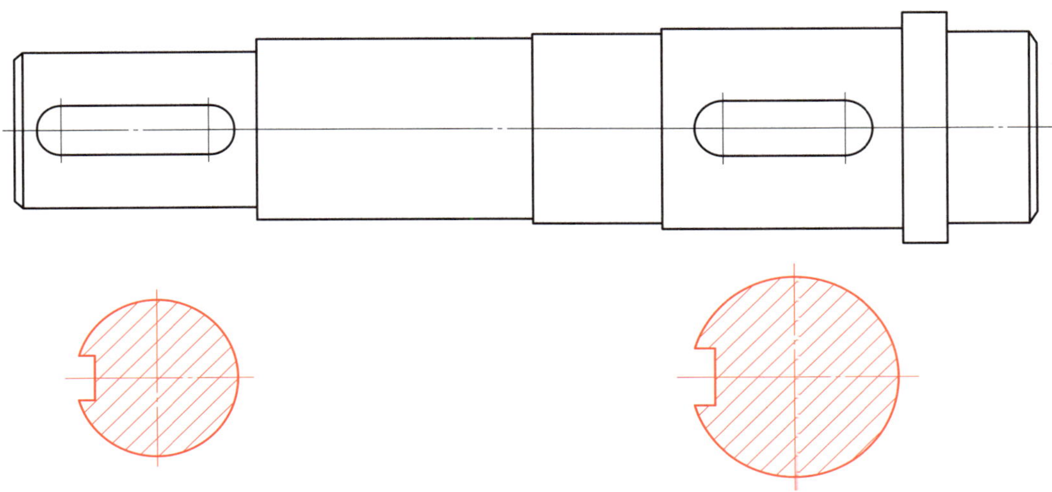

图 2–18　绘制两断面图

5．标注尺寸和几何公差

（1）标注线性尺寸

利用“线性”标注命令，标注传动轴零件平面图形中的线性尺寸及公差，如图 2–19 所示。

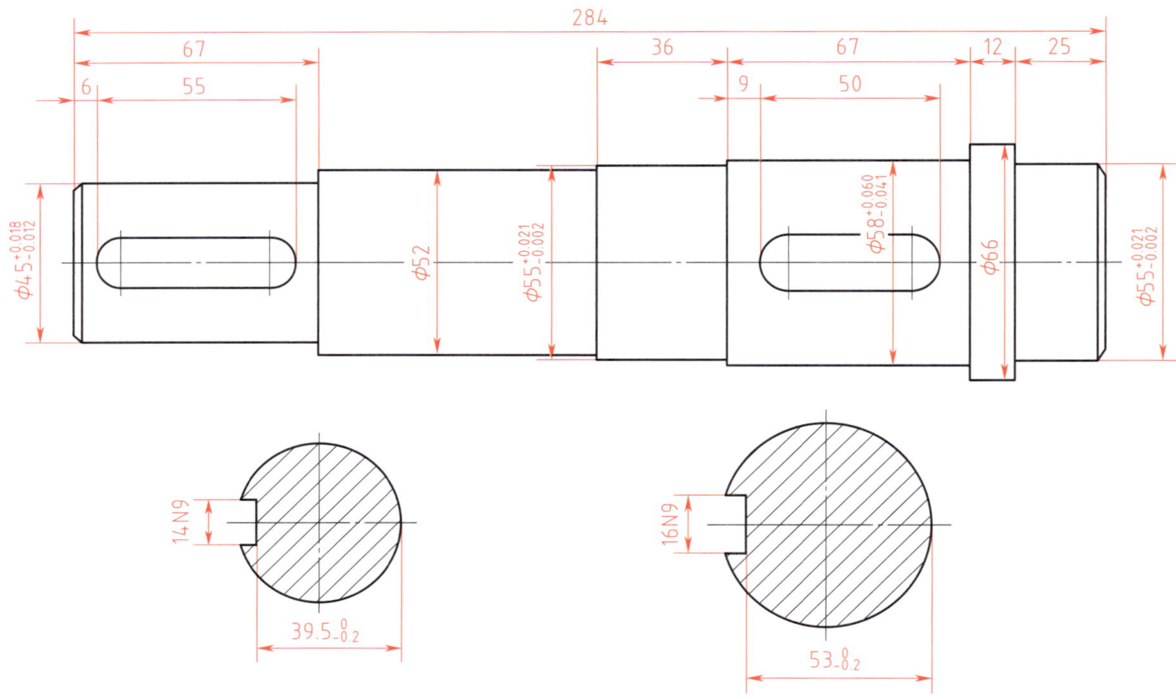

图 2-19 标注线性尺寸

（2）标注基准符号

创建基准符号图块并对基准符号中的字母定义属性，在主视图中插入四处基准符号图块，如图 2-20 所示。

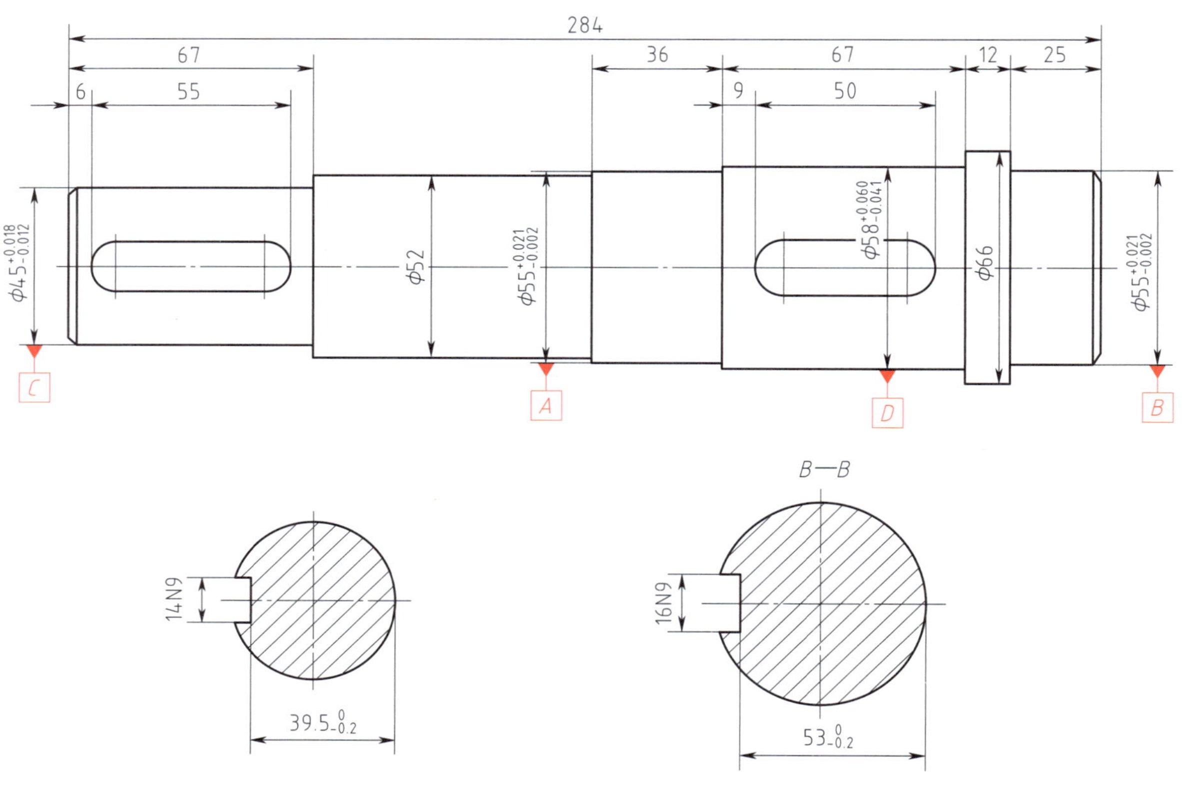

图 2-20 标注基准符号

（3）标注几何公差

利用“公差”命令，标注主视图和断面图上的几何公差，如图 2–21 所示。

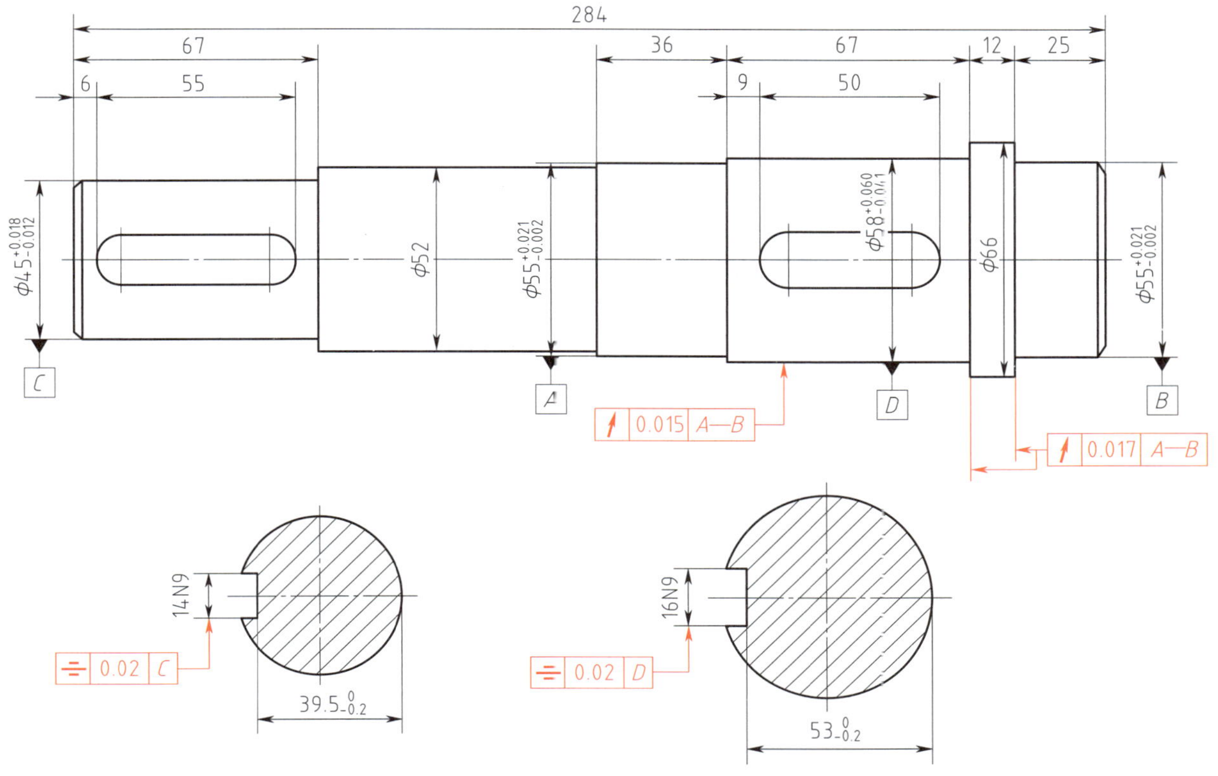

图 2–21　标注几何公差

（4）标注表面结构符号

创建表面结构符号图块，并将其插入到标注位置，如图 2–22 所示。

（5）标注倒角及断面符号

利用“直线”和“多行文字”命令，标注两端 *C*2 mm 倒角及断面符号，如图 2–23 所示。

6．标注技术要求

利用“多行文字”命令 **A**，标注传动轴零件平面图形中的技术要求。

7．保存文件

将绘制的传动轴零件平面图形保存到指定位置。

三、打印图形

设置打印机，打印一张传动轴零件平面图形以供检测和质量分析用。

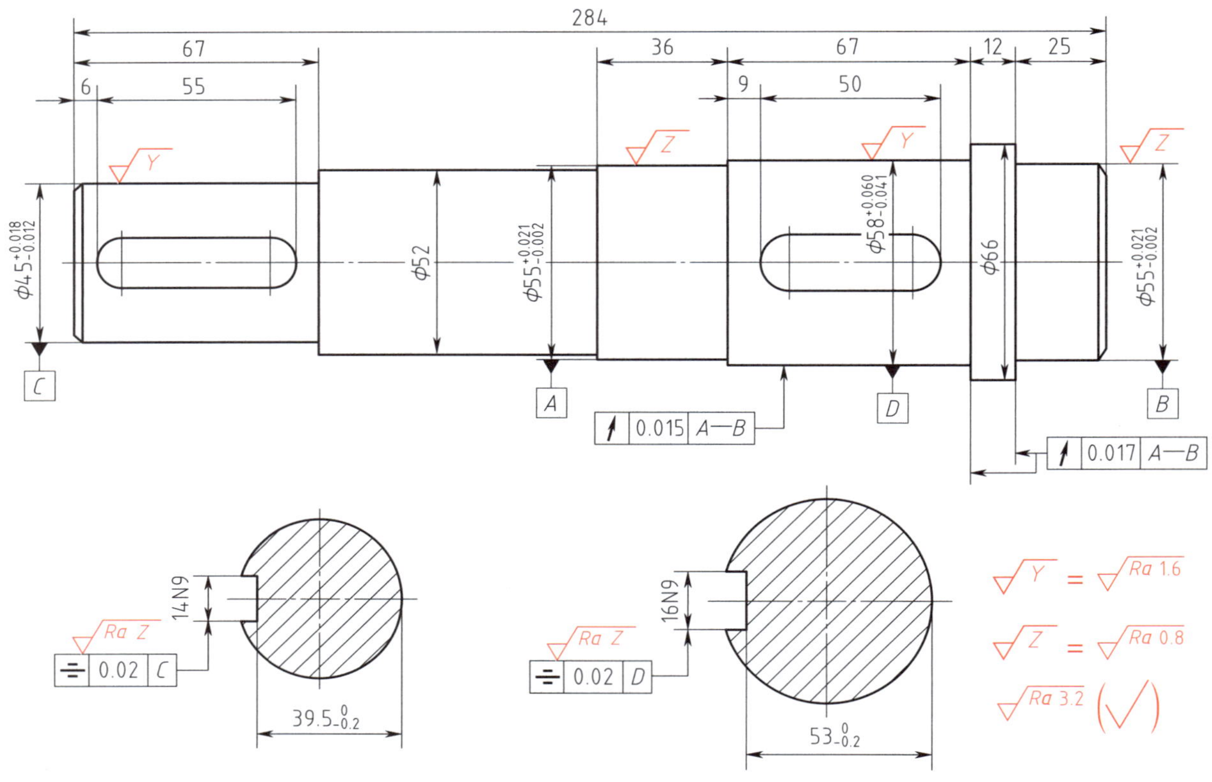

图 2-22　标注表面结构符号

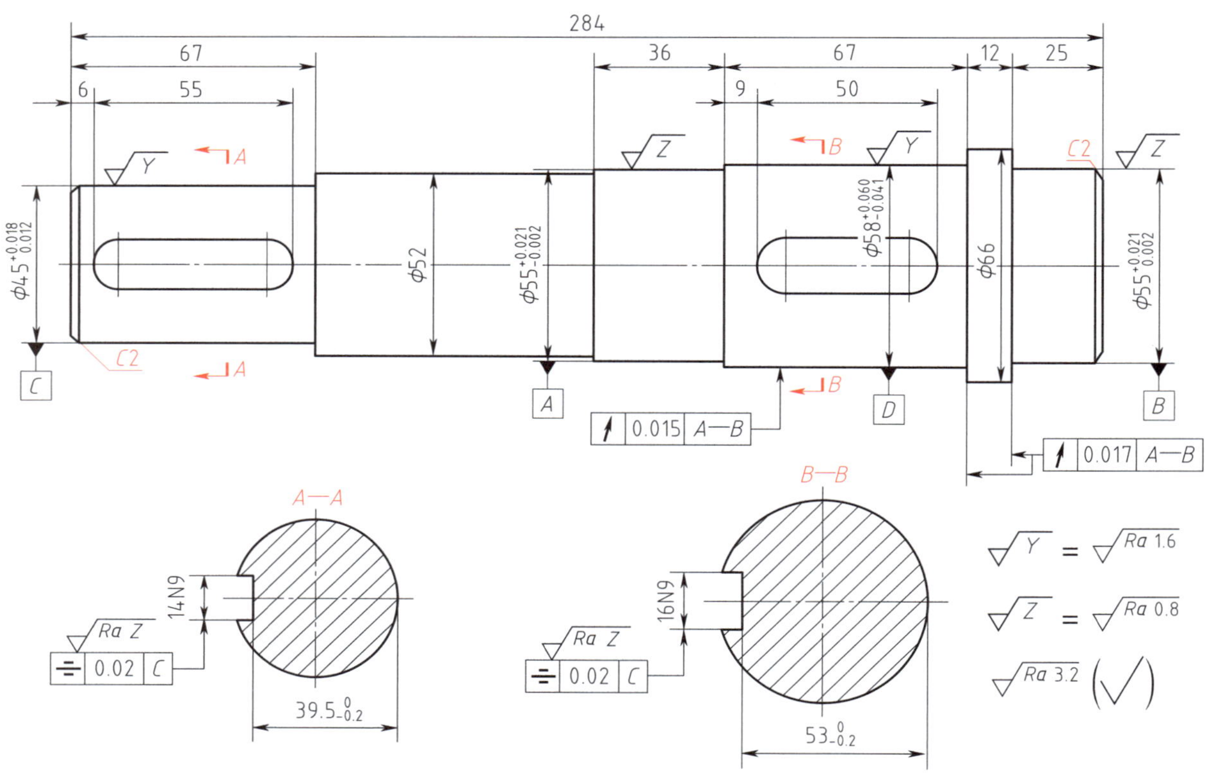

图 2-23　标注倒角及断面符号

学习活动 4　绘图检测与质量分析

学习目标

1. 能判别图幅大小是否合适，布图方案是否合理。
2. 能判别标题栏绘制是否正确，内容填写是否规范。
3. 能判别绘图所用线型是否正确，零件轮廓是否清晰。
4. 能判别尺寸标注是否完整。
5. 能判别公差标注是否合理。
6. 能判别表面结构符号标注是否正确。
7. 能判别所标注的技术要求是否规范。
8. 能根据发现的问题，修改所绘制的图形。
9. 能正确填写任务记录单。

建议学时：2 学时。

学习过程

一、绘图检测（表 2–3）

表 2–3　绘图检测内容及检测结果

序号	绘图要求	绘图检测
1	图幅大小合适，布图方案合理	
2	标题栏绘制正确，内容填写规范	
3	绘图所用线型正确	
4	零件轮廓清晰，无缺线	
5	尺寸标注完整，无遗漏	
6	公差标注合理，无错误	
7	表面结构符号和基准符号标注正确	
8	技术要求书写规范	

二、问题分析

归纳问题产生的原因和预防方法，填入表 2–4 中。

表 2–4 问题种类、产生原因及预防方法

问题种类	产生原因	预防方法

三、修改图样

按照绘图检测结果修改图样并保存。

四、打印图形

打印一张传动轴零件平面图形，上交技术主管进行审核。审核合格后，打印所需数量的图纸，上交技术主管，并认真填写任务记录单。

学习活动 5　工作总结与评价

学习目标

1. 能按分组情况派代表展示工作成果，讲述本次任务的完成情况，并做分析总结。

2. 能结合自身任务完成情况，正确、规范地撰写工作总结（心得体会）。

3. 能就本次任务中出现的问题提出改进措施。

4. 能对学习与工作进行反思总结，并能与他人开展良好合作，进行有效的沟通。

建议学时：2 学时。

学习过程

一、个人评价

按表 2–5 中的评分标准进行个人评价。

表 2–5　　个人综合评价表

项目	序号	技术要求	配分	评分标准	得分
零件平面图形分析（25%）	1	零件轮廓尺寸分析正确	5	错一处扣 1 分	
	2	定形与定位尺寸分析正确	5	错一处扣 1 分	
	3	键槽尺寸分析正确	5	错一处扣 1 分	
	4	线型分析正确	5	错一处扣 1 分	
	5	尺寸标注及几何公差分析正确	5	错一处扣 1 分	
软件操作（25%）	6	基本绘图命令执行方法正确	10	错一处扣 1 分	
	7	软件基本操作正确	10	错一处扣 1 分	
	8	基本图形的绘制正确	5	错一处扣 1 分	

续表

项目	序号	技术要求	配分	评分标准	得分
绘图质量（40%）	9	图幅大小合适，布图方案合理	5	不合格，不得分	
	10	标题栏绘制正确，内容填写规范	5	错一处扣 1 分	
	11	绘图所用线型正确	5	错一处扣 1 分	
	12	零件轮廓清晰，无缺线	5	错一处扣 1 分	
	13	尺寸标注完整，无遗漏	5	错一处扣 1 分	
	14	几何公差标注合理，无错误	5	错一处扣 1 分	
	15	表面结构符号和基准符号标注正确	5	错一处扣 1 分	
	16	技术要求书写规范	5	错一处扣 2 分	
安全文明生产（10%）	17	操作安全	5	违反一处扣 2 分	
	18	机房清理	5	不合格不得分	
总得分					

二、小组评价

把打印好的传动轴零件平面图形先进行分组展示，再由小组推荐代表做必要的介绍。在展示的过程中，以小组为单位进行评价；评价完成后，根据其他小组成员对本组展示的成果进行评价，并将评价意见归纳总结。完成如下项目：

1．本小组展示的传动轴零件平面图形符合机械制图标准吗?

很好□　　一般□　　不准确□

2．本小组介绍成果表达是否清晰?

很好□　　一般，常补充□　　不清晰□

3．本小组演示的传动轴零件平面图形绘制方法正确吗?

正确□　　部分正确□　　不正确□

4．本小组演示操作时遵循“6S”工作要求吗?

符合工作要求□　　忽略了部分要求□　　完全没有遵循□

5．本小组所用的计算机、打印机保养完好吗?

良好□　　一般□　　不合要求□

6．本小组的成员团队创新精神如何?

良好□　　一般□　　不足□

三、教师评价

教师对展示的图样分别做评价。

1．找出各组的优点进行点评。

2．对展示过程中各组的缺点进行点评，提出改进方法。

3．对整个任务完成中出现的亮点和不足进行点评。

四、总结提升

1．回顾本次学习任务的工作过程，归纳整理所学知识和技能。

2．试结合自身任务完成情况，通过交流讨论等方式，较全面、规范地撰写本次任务的工作总结。

工作总结（心得体会）

评价与分析

学习任务二评价表

<table>
<tr><td>班级</td><td colspan="3"></td><td colspan="3">姓名</td><td colspan="3">学号</td></tr>
<tr><td rowspan="3">项目</td><td colspan="3">自我评价</td><td colspan="3">小组评价</td><td colspan="3">教师评价</td></tr>
<tr><td>10 ~ 9 分</td><td>8 ~ 6 分</td><td>5 ~ 1 分</td><td>10 ~ 9 分</td><td>8 ~ 6 分</td><td>5 ~ 1 分</td><td>10 ~ 9 分</td><td>8 ~ 6 分</td><td>5 ~ 1 分</td></tr>
<tr><td colspan="3">占总评 10%</td><td colspan="3">占总评 30%</td><td colspan="3">占总评 60%</td></tr>
<tr><td>学习活动 1</td><td></td><td></td><td></td><td></td><td></td><td></td><td></td><td></td><td></td></tr>
<tr><td>学习活动 2</td><td></td><td></td><td></td><td></td><td></td><td></td><td></td><td></td><td></td></tr>
<tr><td>学习活动 3</td><td></td><td></td><td></td><td></td><td></td><td></td><td></td><td></td><td></td></tr>
<tr><td>学习活动 4</td><td></td><td></td><td></td><td></td><td></td><td></td><td></td><td></td><td></td></tr>
<tr><td>学习活动 5</td><td></td><td></td><td></td><td></td><td></td><td></td><td></td><td></td><td></td></tr>
<tr><td>表达能力和分析能力</td><td></td><td></td><td></td><td></td><td></td><td></td><td></td><td></td><td></td></tr>
<tr><td>协作精神</td><td></td><td></td><td></td><td></td><td></td><td></td><td></td><td></td><td></td></tr>
<tr><td>纪律观念</td><td></td><td></td><td></td><td></td><td></td><td></td><td></td><td></td><td></td></tr>
<tr><td>工作态度</td><td></td><td></td><td></td><td></td><td></td><td></td><td></td><td></td><td></td></tr>
<tr><td>任务总体表现</td><td></td><td></td><td></td><td></td><td></td><td></td><td></td><td></td><td></td></tr>
<tr><td>小计分</td><td colspan="3"></td><td colspan="3"></td><td colspan="3"></td></tr>
<tr><td>总评分</td><td colspan="9"></td></tr>
</table>

任课教师：　　　　年　　月　　日

任务拓展

曲轴零件平面图形的绘制

一、工作情境描述

企业设计部接到一项绘图任务：根据提供的曲轴零件平面图形（图 2–24）绘制 CAD 图形，便于生产部门进行批量生产。技术主管将绘图任务分配给绘图员张强，让他应用计算机绘图软件进行绘制，并将零件平面图形打印出来。

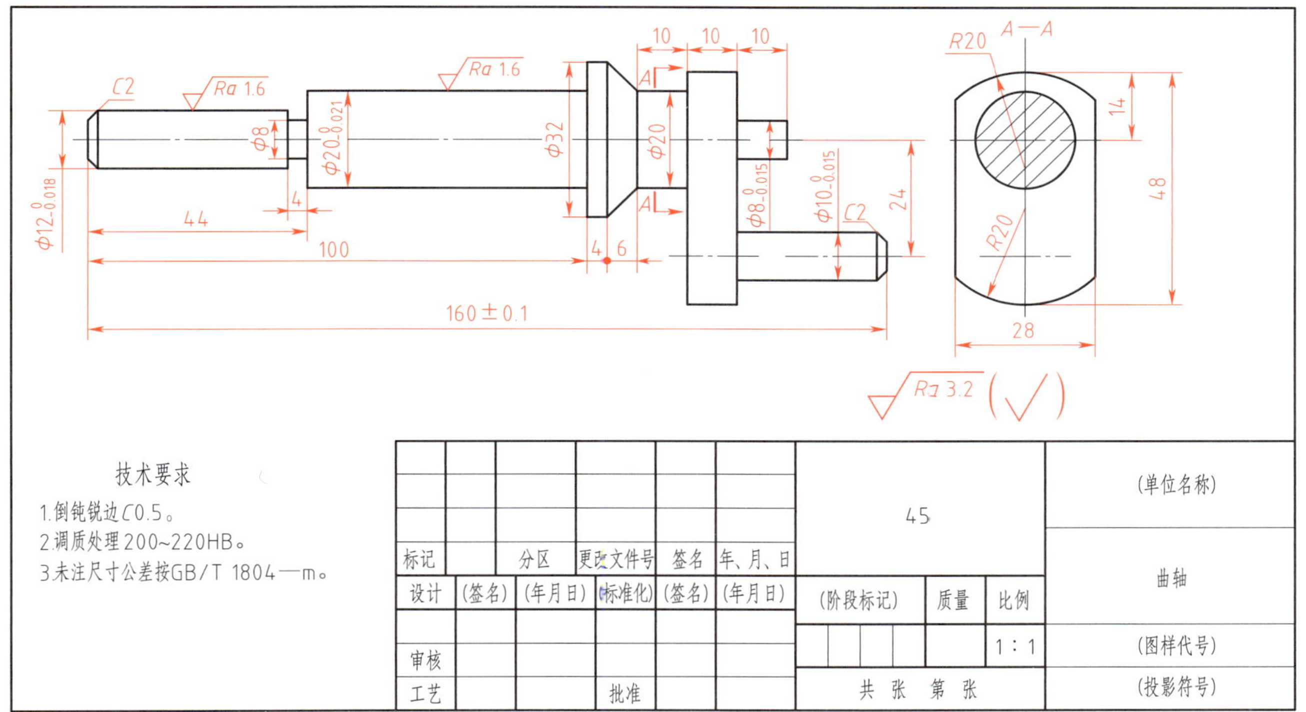

图 2–24 曲轴零件平面图形

二、评分标准

按表 2–6 所示项目和技术要求，对绘制的曲轴零件平面图形进行评分。

表 2–6　曲轴零件平面图形绘制评分标准

项目	序号	技术要求	配分	评分标准	得分
零件平面图形分析（25%）	1	零件轮廓尺寸分析正确	5	错一处扣 1 分	
	2	定形与定位尺寸分析正确	5	错一处扣 1 分	
	3	连接板尺寸分析正确	5	错一处扣 1 分	
	4	线型分析正确	5	错一处扣 1 分	
	5	尺寸标注及几何公差分析正确	5	错一处扣 1 分	
软件操作（25%）	6	基本绘图命令执行方法正确	10	错一处扣 1 分	
	7	基本绘图命令操作正确	10	错一处扣 1 分	
	8	基本图形的绘制正确	5	错一处扣 1 分	
绘图质量（40%）	9	图幅大小合适，布图方案合理	5	不合格，不得分	
	10	标题栏绘制正确，内容填写规范	5	错一处扣 1 分	
	11	绘图所用线型正确	5	错一处扣 1 分	
	12	零件轮廓清晰，无缺线	5	错一处扣 1 分	
	13	尺寸标注完整，无遗漏	5	错一处扣 1 分	
	14	表面结构符号标注合理，无错误	5	错一处扣 1 分	
	15	剖切符号标注正确	5	错一处扣 1 分	
	16	技术要求书写规范	5	错一处扣 2 分	
安全文明生产（10%）	17	操作安全	5	违反一处扣 2 分	
	18	机房清理	5	不合格不得分	
总得分					

世赛知识

现行机械制图国家标准与国际标准的一致性程度

世界技能大赛使用的机械图样都是按照国际标准（ISO）绘制的。若要看懂世界技能大赛图样，需要了解我国现行机械制图标准与国际标准（ISO）的一致性程度。

现行机械制图国家标准的修订基本都是参照国际标准（ISO）进行的。根据与国际标准（ISO）相比变动的程度区分，现行机械制图国家标准与国际标准的关系有等同采用、等效采月和参照采用三种类型，其符号及含义见表 2–7。

表 2–7　　机械制图国家标准与国际标准一致性程度的标识

一致性程度	符号	含义
等同采用	IDT	与国际标准完全相同
等效采用	MOD	与国际标准相比，在技术上很少有变动
参照采用	NEQ	根据我国自然资源、经济条件和传统产品的特色，必须相对于国际标准有些变动，但在产品性能和质量指标上同国际标准相当，并在通用性、互换性和安全性等方面与国际标准协调一致

例如，《技术制图　图线》（GB/T 17450—1998）等同采用了 ISO 128—20：1996，《技术制图　图纸幅面和格式》（GB/T 14689—2008）等效采用了 ISO 5457：1999，《技术制图　图样画法　视图》（GB/T 17451—1998）参照采用了 ISO/DIS 11947—1：1995。

学习任务三　球阀体零件平面图形的绘制

学习目标

1. 通过识读标题栏，了解球阀体的材料、绘图比例。
2. 通过识读球阀体零件平面图形，确定球阀体的结构形状、尺寸、几何公差和表面质量要求。
3. 通过识读技术要求，确定球阀体的热处理要求和未注公差尺寸要求。
4. 能独立完成图层、线型、文字样式、标注样式等内容的设置。
5. 能根据球阀体零件的结构，确定绘图方法。
6. 能根据球阀体零件平面图形的分析，做好计算机绘图前的准备工作。
7. 能绘制球阀体零件平面图形的图框和标题栏。
8. 能应用“直线”“圆”“延伸”“等距”“倒角”“图案填充”“打断”等命令绘制球阀体零件平面图形。
9. 能完成球阀体零件平面图形上的尺寸、基准符号、几何公差和表面结构符号等内容的标注。
10. 能应用“多行文字”命令标注技术要求。
11. 能设置“打印”对话框，并打印出球阀体零件平面图形。
12. 能检测和判断绘图质量。
13. 能根据发现的问题，修改所绘制的图形。
14. 能按分组情况，分别派代表展示工作成果，说明本次任务的完成情况，并做分析总结。
15. 能按机房操作规程，正确使用、维护和保养计算机、打印机等设备。
16. 能严格执行企业操作规程、企业质量体系管理制度、安全生产制度、环保管理制度、“6S”管理制度等企业管理规定。

建议学时

12 学时。

工作情境描述

企业设计部接到一项绘图任务：根据提供的球阀体零件平面图形（图 3–1）绘制 CAD 图形，便于生产部门进行批量生产。技术主管将绘图任务分配给绘图员张强，让他应用计算机绘图软件进行绘制，并将零件平面图形打印出来。

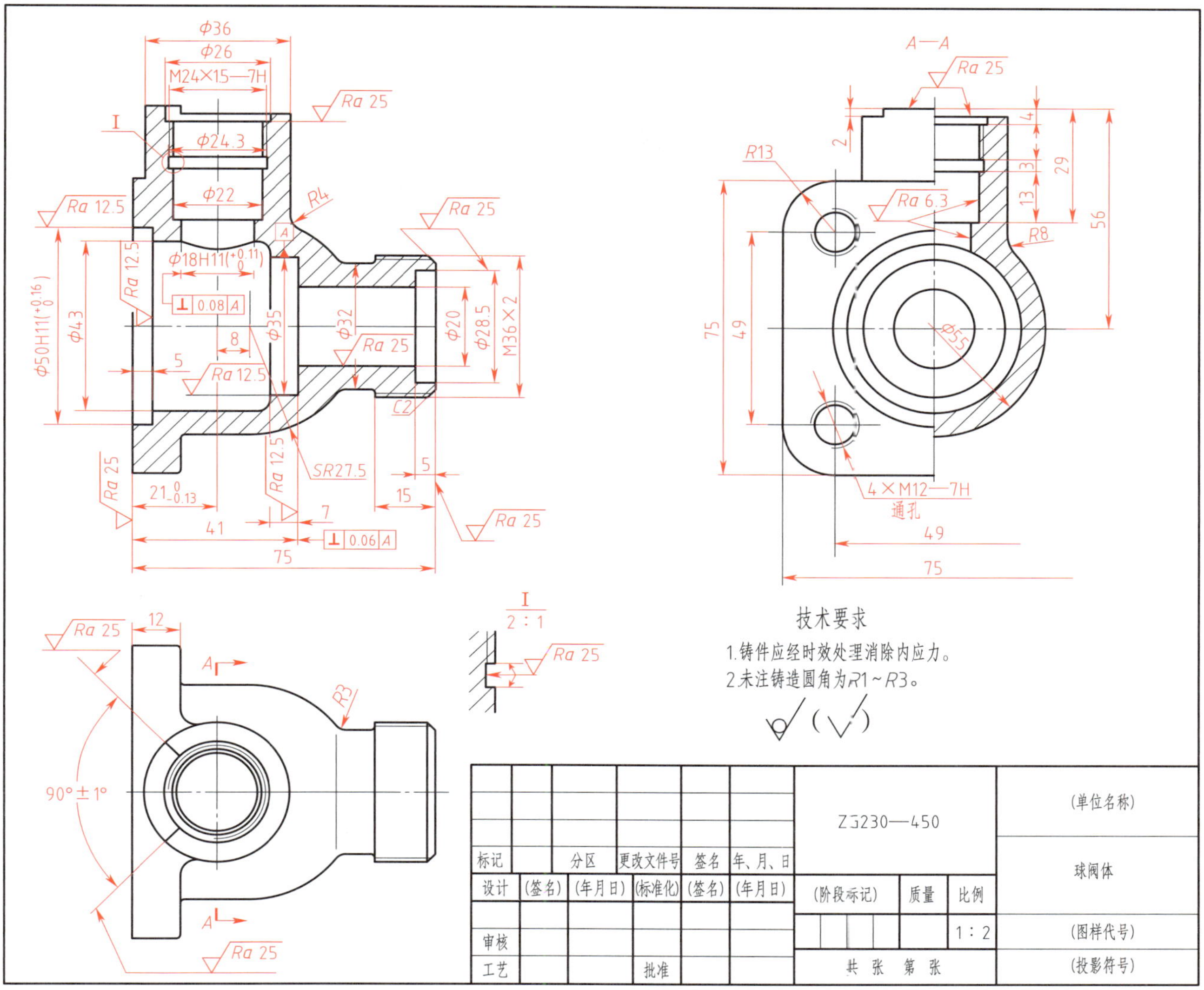

技术要求

1.铸件应经时效处理消除内应力。

2.未注铸造圆角为R1～R3。

						ZG230—450			(单位名称)
标记		分区	更改文件号	签名	年、月、日				球阀体
设计	(签名)	(年月日)	(标准化)	(签名)	(年月日)	(阶段标记)	质量	比例	
审核								1∶2	(图样代号)
工艺			批准			共　张　第　张			(投影符号)

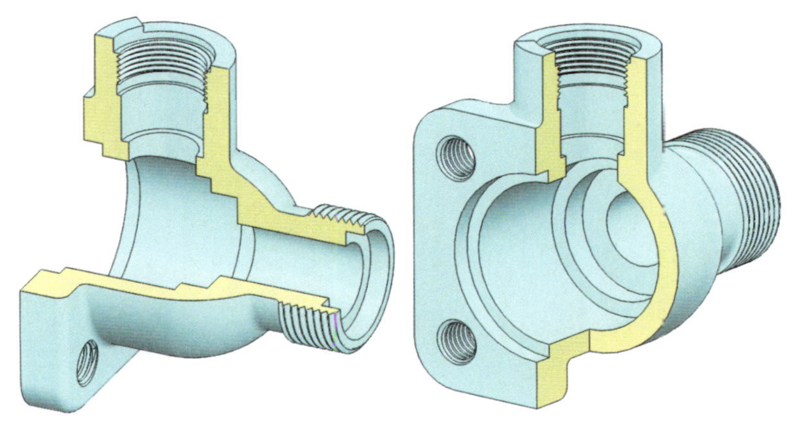

图 3-1　球阀体零件平面图形

工作流程与活动

1. 球阀体零件平面图形的分析（2学时）
2. 绘图软件的基本操作（2学时）
3. 球阀体零件平面图形的绘制与打印（4学时）
4. 绘图检测与质量分析（2学时）
5. 工作总结与评价（2学时）

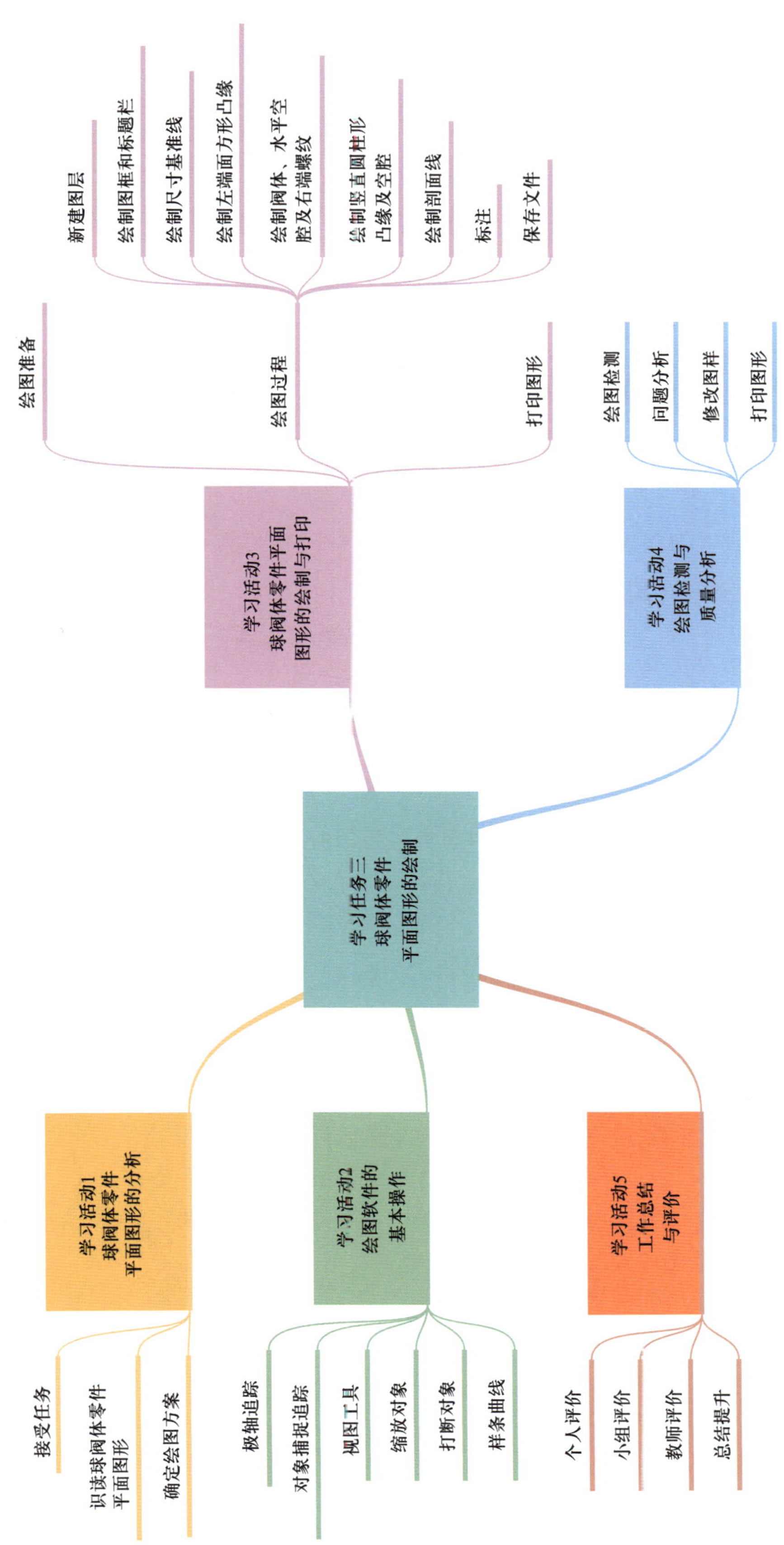
学习任务三
球阀体零件
平面图形的绘制
学习活动1
球阀体零件
平面图形的分析
接受任务
识读球阀体零件平面图形
确定绘图方案
学习活动2
绘图软件的
基本操作
极轴追踪
对象捕捉追踪
视图工具
缩放对象
打断对象
样条曲线
学习活动3
球阀体零件平面
图形的绘制与打印
绘图准备
绘图过程
新建图层
绘制图框和标题栏
绘制尺寸基准线
绘制左端面方形凸缘
绘制阀体、水平空腔及右端螺纹
绘制竖直圆柱形凸缘及空腔
绘制剖面线
标注
保存文件
打印图形
学习活动4
绘图检测与
质量分析
绘图检测
问题分析
修改图样
打印图形
学习活动5
工作总结
与评价
个人评价
小组评价
教师评价
总结提升

学习活动 1　球阀体零件平面图形的分析

学习目标

1. 通过识读标题栏，了解球阀体的材料、绘图比例。

2. 通过识读球阀体三视图，确定球阀体的结构形状、尺寸、几何公差和表面质量要求。

3. 通过识读技术要求，确定球阀体的热处理要求和未注铸造圆角大小。

4. 通过识读球阀体零件平面图形，确定图幅、图层、线型、文字样式、标注样式等内容的设置。

5. 能根据球阀体零件的结构，确定绘图方法和步骤。

6. 能与生产技术人员、生产主管等相关人员沟通，了解绘制球阀体零件平面图形所用到的 CAD 指令。

7. 能根据传动轴零件平面图形分析，做好计算机绘图前的准备工作。

建议学时：2 学时。

学习过程

一、接受任务

听技术主管描述本次绘图任务，正确填写任务记录单（表 3–1）。

表 3–1　任务记录单

<table>
<tr><td>部门名称</td><td colspan="3"></td><td>出图数量</td><td colspan="2"></td></tr>
<tr><td>任务名称</td><td colspan="3"></td><td>预交付时间</td><td colspan="2">年　月　日</td></tr>
<tr><td>下单人</td><td></td><td>年　月　日</td><td>接单人</td><td></td><td colspan="2">年　月　日</td></tr>
<tr><td>制图</td><td></td><td>年　月　日</td><td>审核</td><td></td><td colspan="2">年　月　日</td></tr>
<tr><td>批准</td><td></td><td>年　月　日</td><td>交付人</td><td></td><td colspan="2">年　月　日</td></tr>
</table>

二、识读球阀体零件平面图形

1．查阅资料，询问技术主管，明确球阀体的用途。

2．球阀体是由哪种材料制造的？该种材料有什么特性？

3．球阀体零件平面图形采用几个视图来表达零件的形状和结构？主视图和左视图各采用了什么表达方法？

4．球阀体高度方向的尺寸基准线是哪条直线？以高度方向的尺寸基准线为基准标注了哪些尺寸？

5．球阀体长度方向的尺寸基准线是哪条直线？以长度方向的尺寸基准线为基准标注了哪些尺寸？

6．球阀体宽度方向的尺寸基准线是哪条直线？以宽度方向的尺寸基准线为基准标注了哪些尺寸？

7．球阀体零件平面图形的主视图中的标注“M36×2”表示什么含义？除了主视图还有哪个视图中含有“M36×2”所示结构？

8．球阀体零件平面图形的左视图中的标注“4×M12—7H”表示什么含义?

9．球阀体零件平面图形的主视图中的标注“M24×1.5—7H”表示什么含义？除了主视图还有哪些视图中含有“M24×1.5—7H”所示结构?

10．球阀体零件哪些部位有配合要求？各配合表面的表面粗糙度值是多少?

11．球阀体零件哪些部位标注了几何公差要求?

12．球阀体零件平面图形的技术要求表达了哪些信息?

三、确定绘图方案

1．应采用哪种图幅绘制球阀体零件平面图形?

2．绘制球阀体零件平面图形需要建立几个图层?

3．简述绘制球阀体零件平面图形的步骤。

4．绘制三视图时，采用 CAD 软件中的什么功能可以快速保证“长对正、高平齐、宽相等”的投影规律?

5．如何绘制 M36×2、M24×1.5 和 M12 螺纹?

6．球阀体零件平面图形中的局部放大图可采用什么指令绘制?

7．当标注尺寸或表面结构符号时，若尺寸数字或符号与轮廓线、中心线相交应如何处理?

8．与生产技术人员、生产主管等相关人员沟通，了解绘制球阀体零件平面图形所用到的 CAD 指令有哪些。

学习活动 2　绘图软件的基本操作

学习目标

1. 能利用“极轴追踪”功能绘制图形。
2. 能利用“对象捕捉追踪”功能绘制图形。
3. 能利用视图工具对图形进行缩放、平移等操作。
4. 能利用“缩放”命令创建形状相同、大小不同的图形。
5. 能利用“打断”命令打断对象。
6. 能按机房操作规程和“6S”管理要求，正确使用、维护和保养计算机、打印机等设备。

建议学时：2 学时。

学习过程

一、极轴追踪

“极轴追踪”功能可以根据当前设置的追踪角度，引出相应的极轴追踪线，追踪定位目标点，如图 3–2 所示。

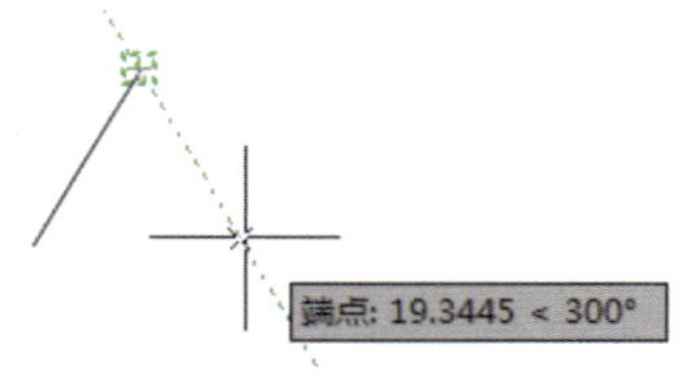

图 3–2　极轴追踪

1. 执行“极轴追踪”功能的方法有哪几种？

2．“正交”模式与“极轴追踪”功能能否同时执行?

3．利用“极轴追踪”功能绘制如图 3–3 所示菱形。

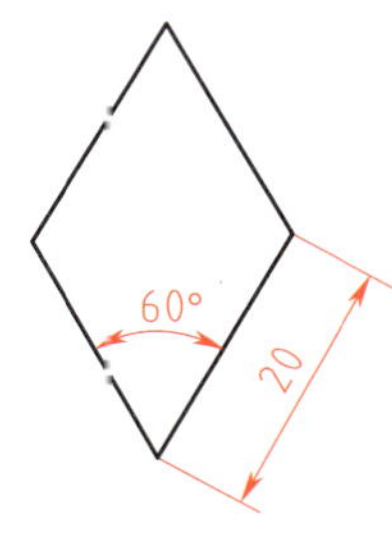

图 3–3　菱形

二、对象捕捉追踪

“对象捕捉追踪”功能是指以捕捉到的特殊位置点为基点，按指定的极轴角或极轴角的倍数对齐要指定点的路径，如图 3–4 所示，捕捉点极轴角为 0°、15° 和 90° 时的状态。

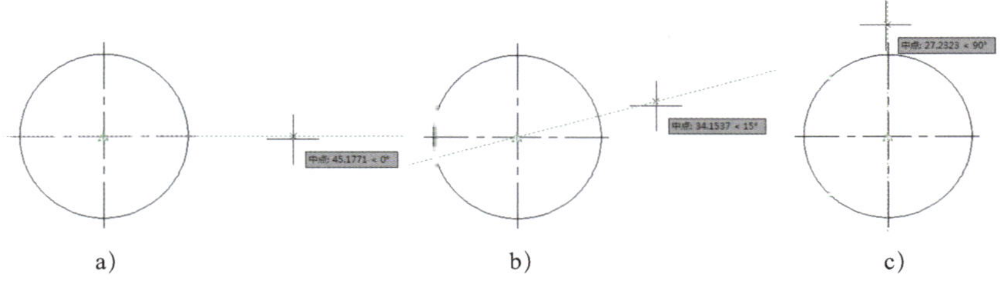

图 3–4　对象捕捉追踪

a）追踪点的 0°极轴角　b）追踪点的 15°极轴角　c）追踪点的 90°极轴角

1．执行“对象捕捉追踪”功能的方法有哪几种?

2．“对象捕捉追踪”功能是否必须配合“对象捕捉”功能一起使用?

3．利用“对象捕捉追踪”功能绘制如图 3–5 所示五边形。

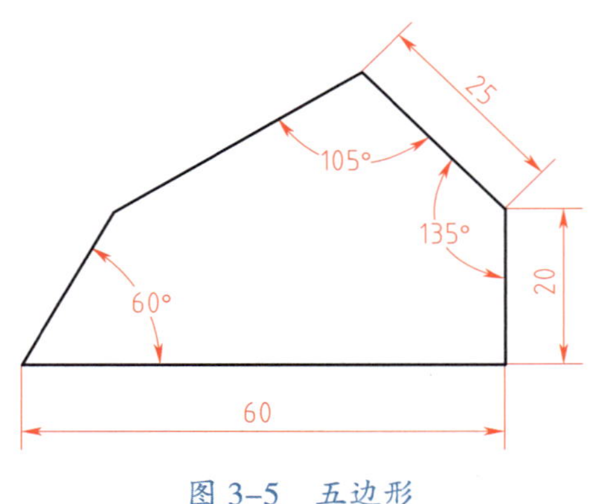

图 3–5　五边形

4．利用“对象捕捉追踪”功能绘制如图 3–6 所示弯板三视图。

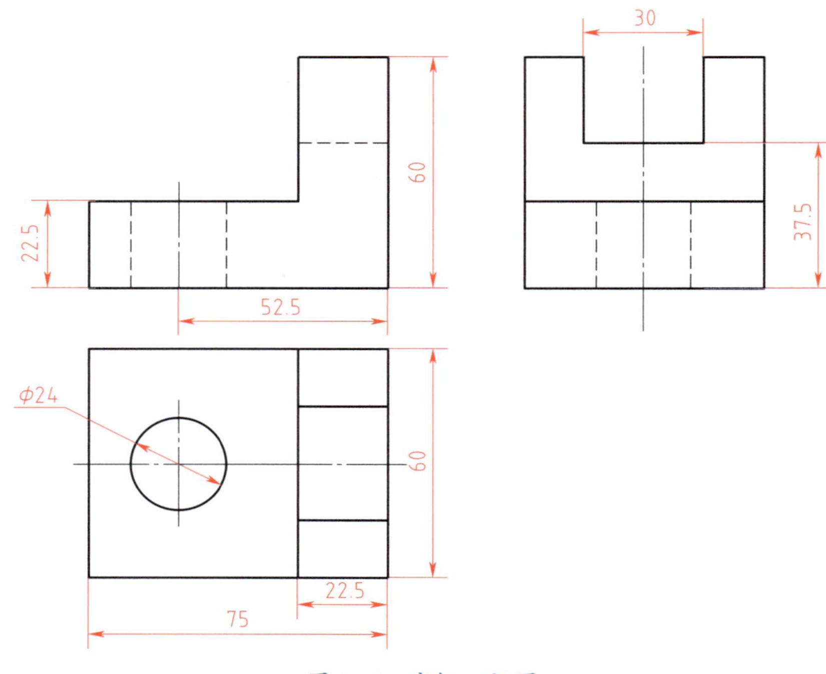

图 3–6　弯板三视图

三、视图工具

1．在绘图时，由于绘图的需要，绘图者有时需要改变图形在屏幕上的大小、位置等特性，所用 CAD 绘图软件在这方面提供了哪些功能?

2．“视图”命令与“绘制”命令、“编辑”命令有何不同?

3．执行“视图”命令的方法有哪几种?

四、缩放对象

“缩放”命令用于将所选对象绕缩放基点按照指定的比例因子进行放大或缩小，以创建形状相同、大小不同的图形。

1．执行“缩放”命令的方式有哪几种?

2．利用“缩放”命令绘制如图 3–7 所示图形。

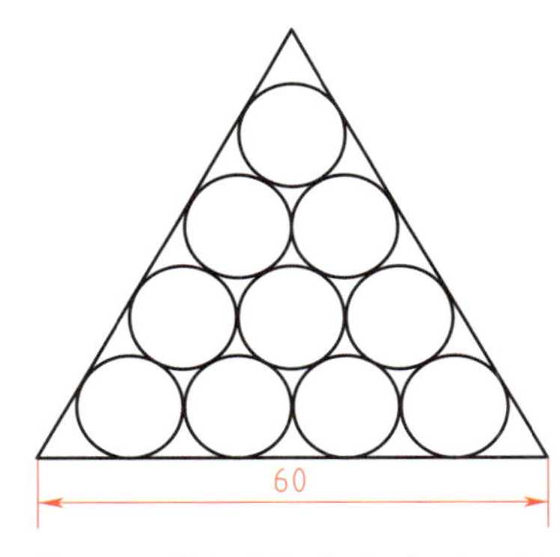

图 3–7　“缩放”命令应用示例

五、打断对象

“打断”命令用于通过指定两点将对象上两点间的部分删除。

1．执行“打断”命令的方法有哪几种?

2．利用“打断”命令将如图 3–8a 所示图形修改成如图 3–8b 所示图形。

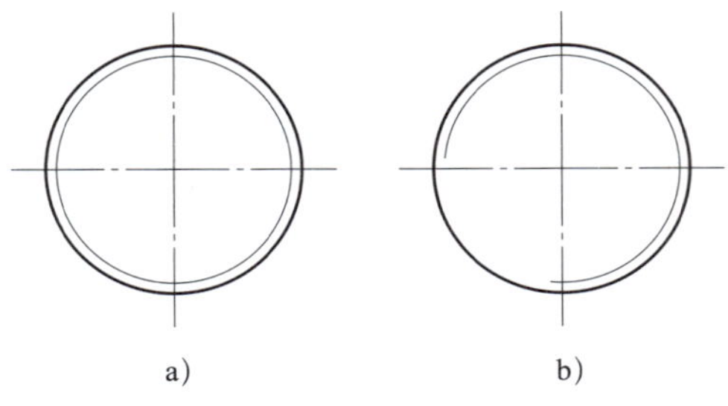

图 3–8 “打断”命令应用示例
a）打断前 b）打断后

六、样条曲线

样条曲线主要用于绘制相贯线、截交线以及波浪线。绘制样条曲线可以使用“样条曲线拟合”或“样条曲线控制点”命令。在启动“样条曲线拟合”或“样条曲线控制点”命令后，必须给定三个以上的点来确定一条多段线。

1．执行“样条曲线拟合”命令的方法有哪几种?

2．利用样条曲线绘制如图 3–9 所示图形中的波浪线。

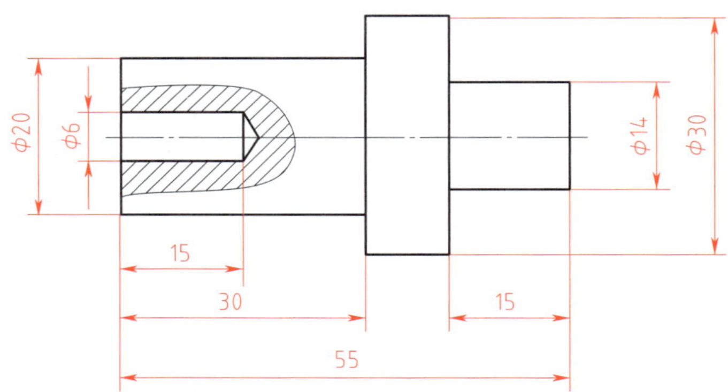

图 3–9 绘制波浪线

学习活动 3　球阀体零件平面图形的绘制与打印

学习目标

1. 能绘制球阀体零件平面图形的图框和标题栏。

2. 能根据球阀体零件平面图形所用线型新建图层。

3. 能正确应用“直线”“圆”“圆角”“倒角”“等距”“对象捕捉追踪”等命令绘制球阀体零件三视图。

4. 能正确应用“缩放”命令绘制局部放大图。

5. 能正确应用“线性”标注命令，完成球阀体零件三视图的尺寸标注。

6. 能创建基准和表面结构符号图块，并能应用“插入块”命令完成基准和表面结构符号的标注。

7. 能正确应用“公差”命令标注几何公差。

8. 能正确应用“多行文字”命令标注球阀体零件平面图形中的技术要求。

9. 能完成“打印”对话框的设置，并能打印球阀体零件平面图形。

建议学时：4 学时。

学习过程

一、绘图准备

工具：CAD 绘图软件。

材料：球阀体零件平面图形。

设备：计算机、打印机。

资料：工作任务书、球阀体零件生产工艺文件、计算机安全操作规程。

二、绘图过程

1．新建图层

启动 CAD 绘图软件，根据表 3–2 要求，新建四个图层。

表 3–2　图层参数要求

图层名称	颜色	线型	线宽
粗实线	黑色（或白色）	CONTINUOUS	0.5 mm
细实线	黑色（或白色）	CONTINUOUS	0.25 mm
中心线	红色	CENTER	0.25 mm
尺寸线	绿色	CONTINUOUS	0.25 mm

2．绘制图框和标题栏

根据球阀体零件平面图形的轮廓尺寸及绘图比例，绘制图框和标题栏。标题栏根据国家标准《技术制图　标题栏》（GB/T 10609.1—2008）的规定绘制。

3．绘制尺寸基准线

将中心线层置为当前图层，利用“直线”命令和“对象捕捉追踪”功能，绘制三视图的尺寸基准线，如图 3–10 所示。

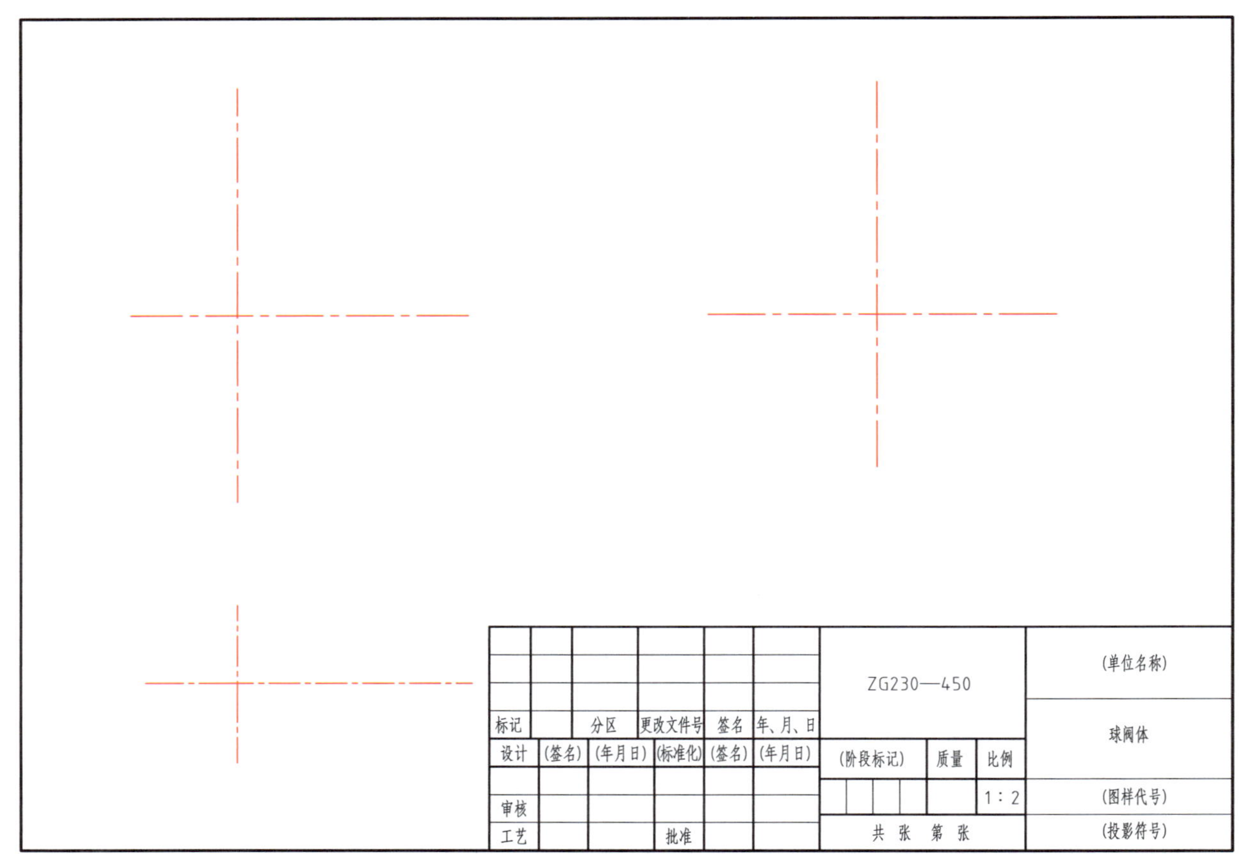

图 3–10　绘制尺寸基准线

4．绘制左端面方形凸缘

将粗实线层置为当前图层，利用“直线”“圆”“等距”及“对象捕捉追踪”命令，绘制左端面方形凸缘，如图 3–11 所示。

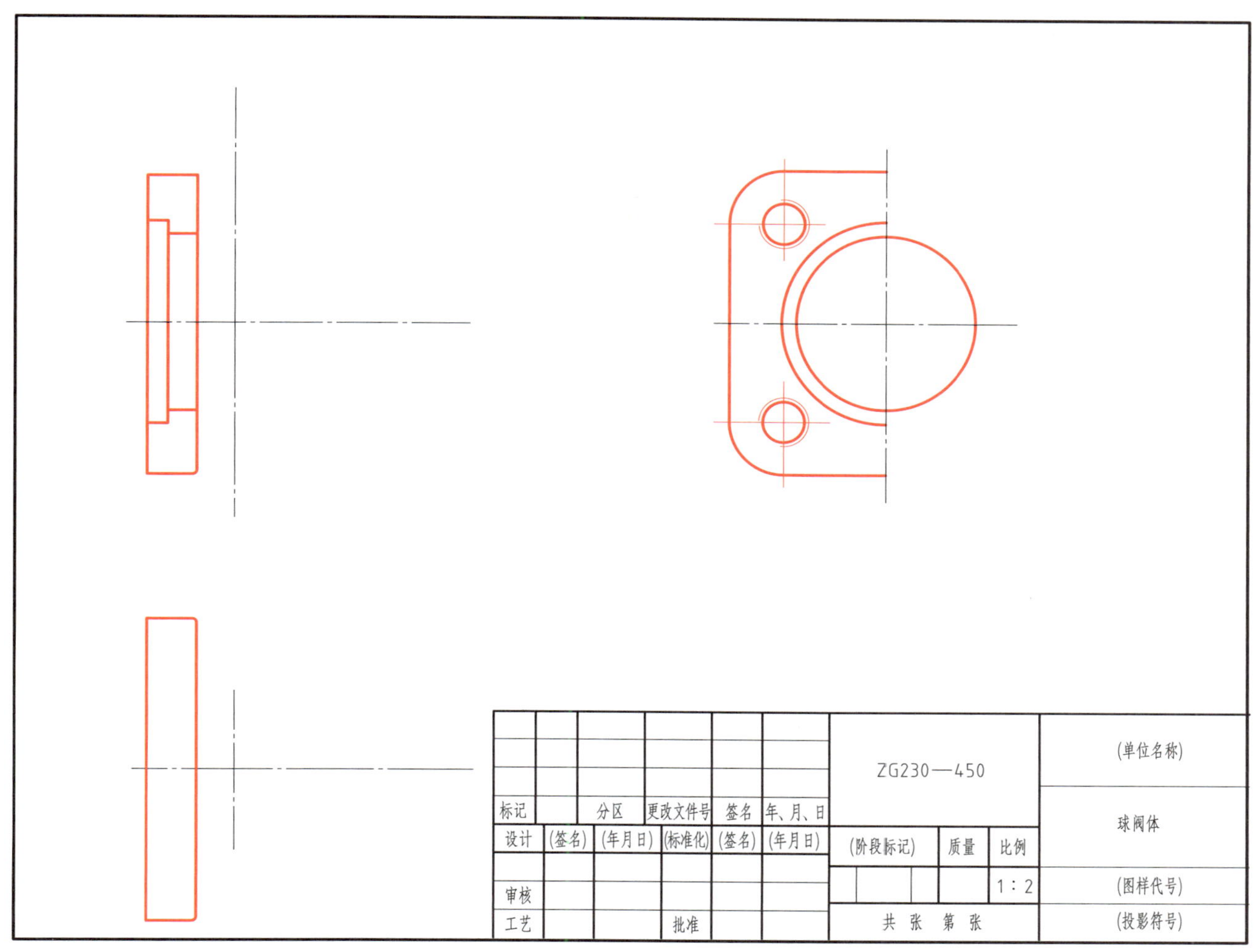

图 3–11　绘制左端面方形凸缘

5．绘制阀体、水平空腔及右端螺纹

利用“直线”“圆”“等距”“圆角”及“对象捕捉追踪”命令，绘制阀体、水平空腔及右端螺纹，如图3-12所示。

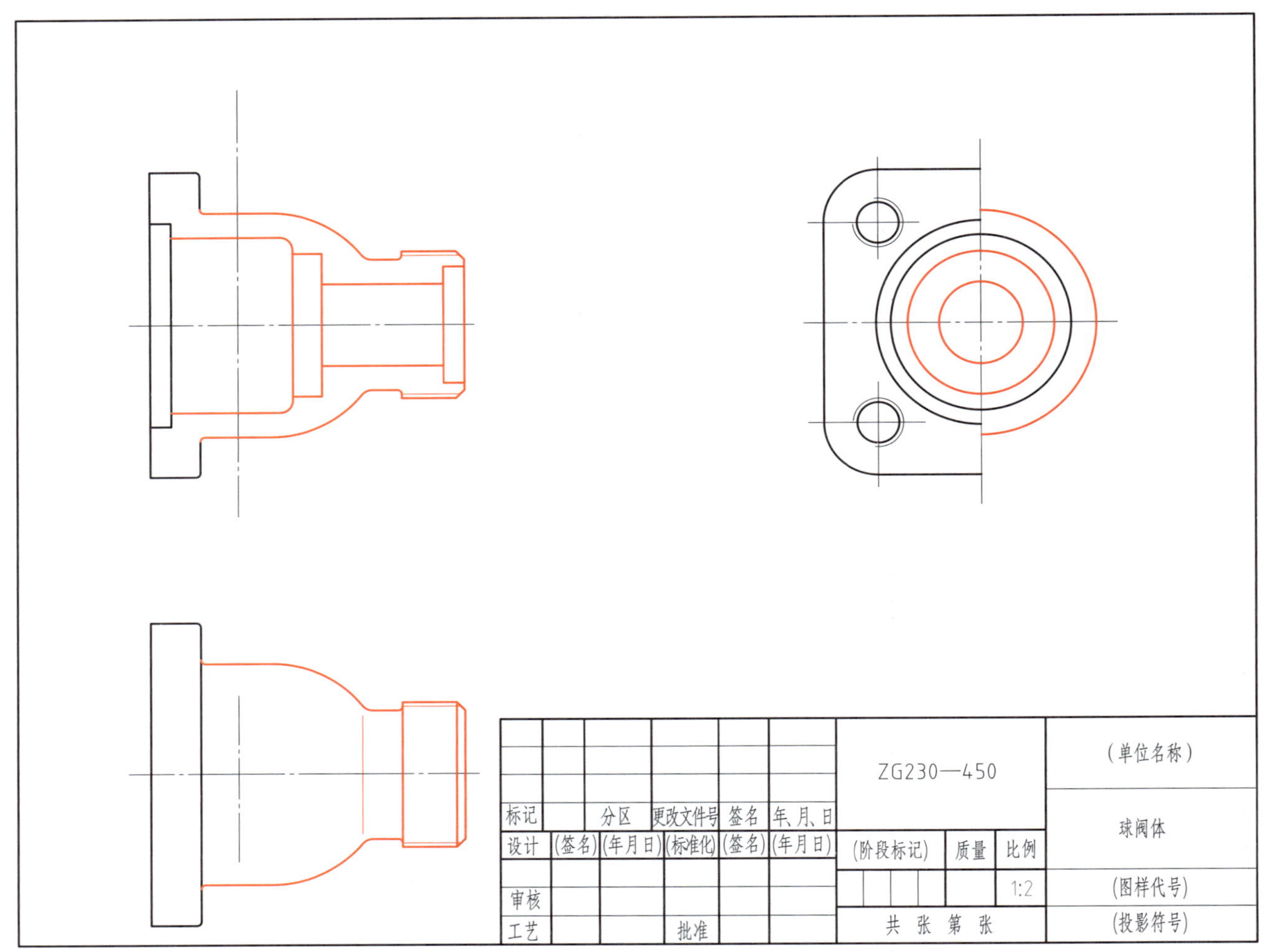

图3-12　绘制阀体、水平空腔及右端螺纹

6．绘制竖直圆柱形凸缘及空腔

利用“直线”“圆”“等距”“圆角”及“对象捕捉追踪”命令，绘制竖直圆柱形凸缘及空腔，如图 3–13 所示。

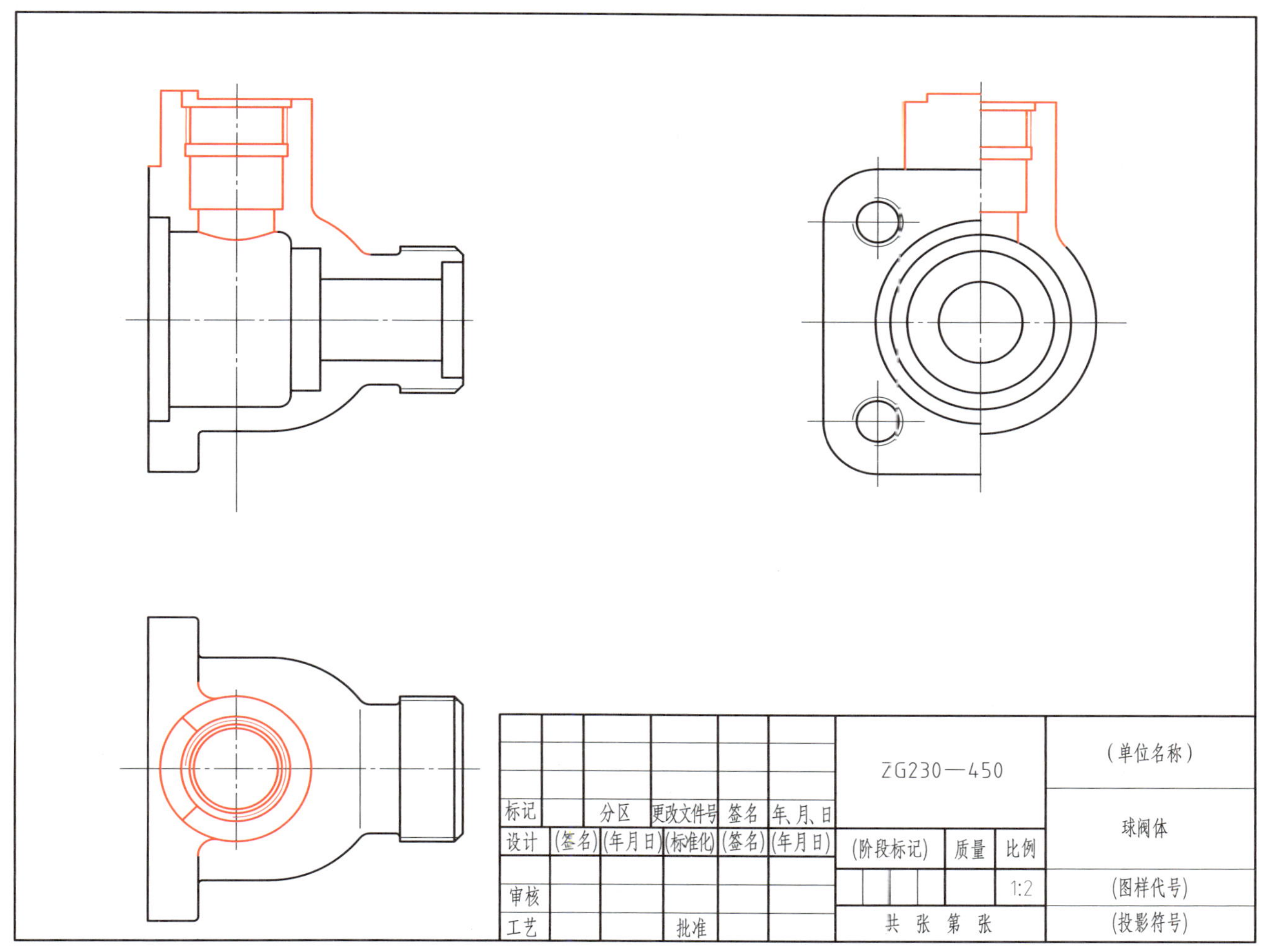

图 3–13　绘制竖直圆柱形凸缘及空腔

7．绘制剖面线

将细实线层置为当前图层，应用“图案填充”命令绘制主视图和左视图中的剖面线，如图 3–14 所示。

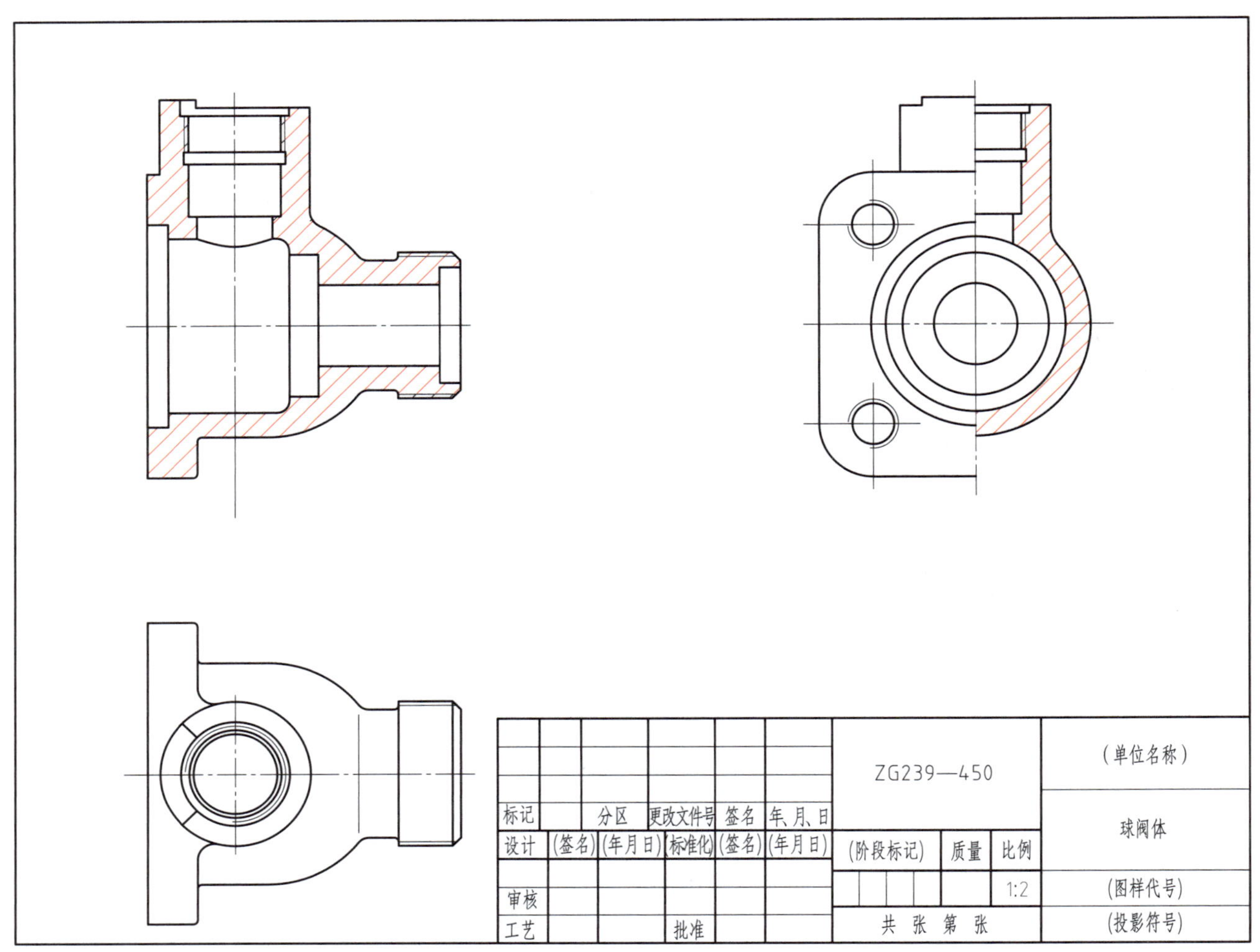

图 3–14 绘制剖面线

8．标注

（1）标注尺寸

将尺寸线层置为当前图层，标注球阀体零件平面图形上的尺寸及公差，如图 3–15 所示。

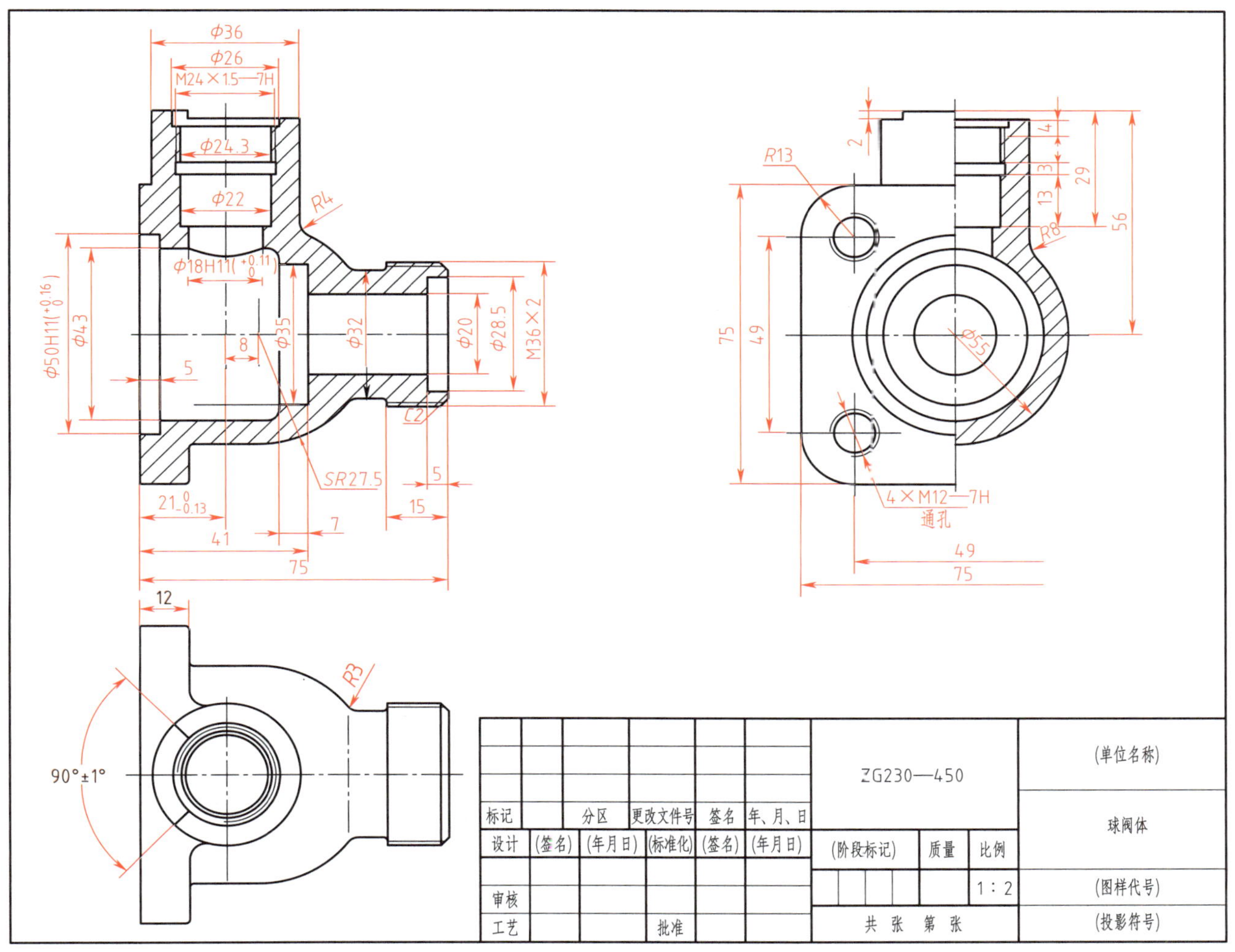

图 3–15　标注尺寸

（2）标注表面结构符号

创建表面结构符号图块，并将其插入到相应位置，如图 3-16 所示。

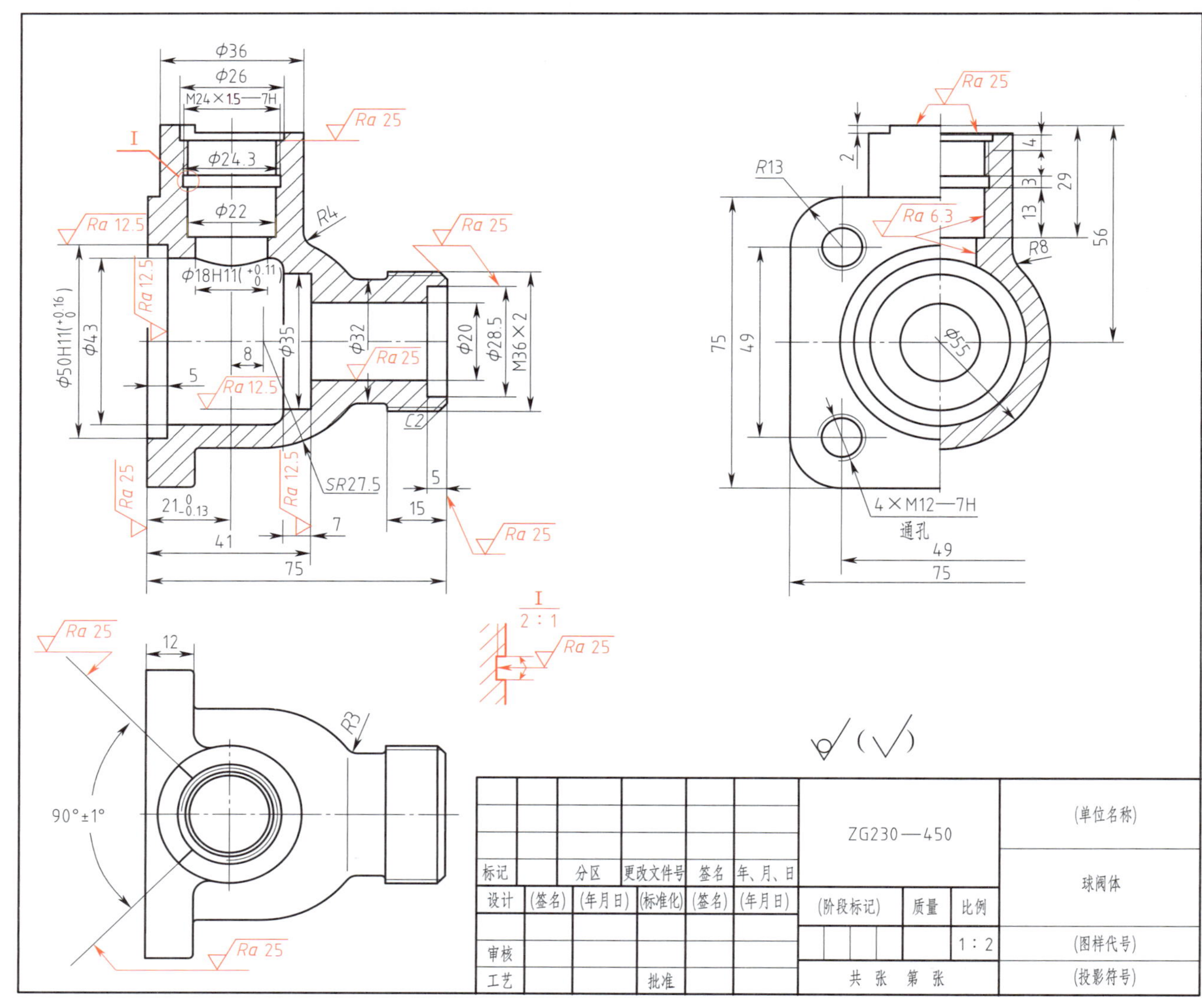

图 3-16　标注表面结构符号

（3）标注基准及几何公差

创建基准图块，标注基准符号，并利用“公差”命令标注几何公差，如图 3–17 所示。

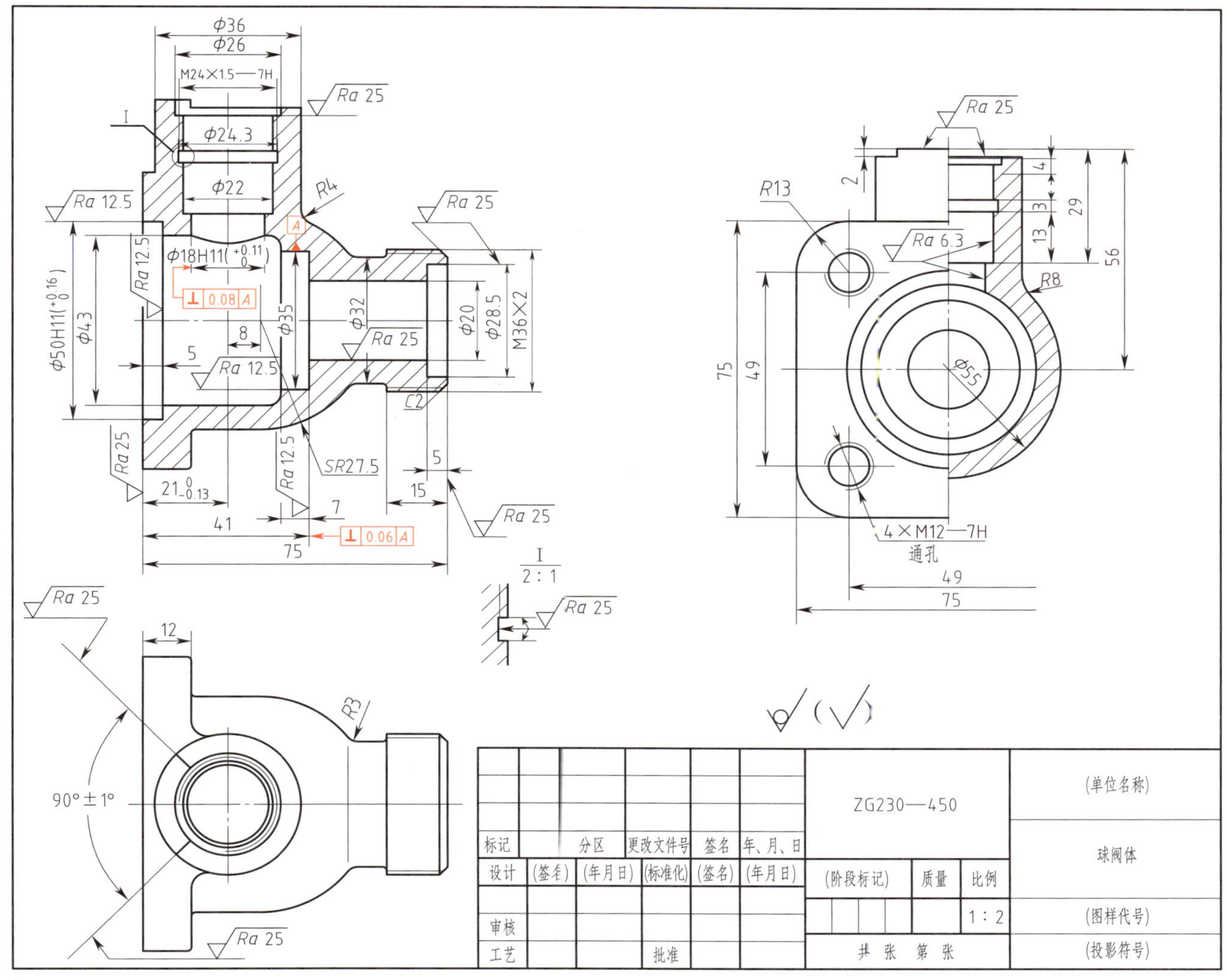

图 3–17　标注基准及几何公差

（4）标注剖切面符号和技术要求

利用“多行文字”命令 A，标注剖切面符号和技术要求，绘制结果如图 3–1 所示。

9．保存文件

将绘制的球阀体零件平面图形保存到指定位置。

三、打印图形

设置打印机，打印一张球阀体零件平面图形以供检测和质量分析用。

学习活动 4 绘图检测与质量分析

学习目标

1. 能判别图幅大小是否合适，布图方案是否合理。
2. 能判别标题栏绘制是否正确，内容填写是否规范。
3. 能判别绘图所用线型是否正确，零件轮廓是否清晰。
4. 能判别尺寸标注是否完整。
5. 能判别公差标注是否合理。
6. 能判别表面结构符号标注是否正确。
7. 能判别所标注的技术要求是否规范。
8. 能根据发现的问题，修改所绘制的图形。
9. 能正确填写任务记录单。

建议学时：2 学时。

学习过程

一、绘图检测（表 3–3）

表 3–3 绘图检测内容及检测结果

序号	绘图要求	绘图检测
1	图幅大小合适，布图方案合理	
2	标题栏绘制正确，内容填写规范	
3	绘图所用线型正确	
4	零件轮廓清晰，无缺线	
5	尺寸标注完整，无遗漏	
6	公差标注合理，无错误	
7	表面结构符号和基准符号标注正确	
8	技术要求书写规范	

二、问题分析

归纳问题产生的原因和预防方法，填入表 3–4 中。

表 3–4 问题种类、产生原因及预防方法

问题种类	产生原因	预防方法

三、修改图样

按照绘图检测结果修改图样并保存。

四、打印图形

打印一张球阀体零件平面图形，上交技术主管进行审核。审核合格后，打印所需数量的图纸，上交技术主管，并认真填写任务记录单。

学习活动 5　工作总结与评价

学习目标

1. 能按分组情况派代表展示工作成果，讲述本次任务的完成情况并做分析总结。

2. 能结合自身任务完成情况，正确、规范地撰写工作总结（心得体会）。

3. 能就本次任务中出现的问题提出改进措施。

4. 能对学习与工作进行反思总结，并能与他人开展良好合作，进行有效的沟通。

建议学时：2 学时。

学习过程

一、个人评价

按表 3–5 中的评分标准进行个人评价。

表 3–5　个人综合评价表

项目	序号	技术要求	配分	评分标准	得分
零件平面图形的分析（25%）	1	零件轮廓尺寸分析正确	5	错一处扣 1 分	
	2	定形尺寸与定位尺寸分析正确	5	错一处扣 1 分	
	3	基准尺寸分析正确	5	错一处扣 1 分	
	4	线型分析正确	5	错一处扣 1 分	
	5	尺寸标注及几何公差分析正确	5	错一处扣 1 分	
软件操作（25%）	6	基本绘图命令执行方法正确	10	错一处扣 1 分	
	7	软件基本操作正确	10	错一处扣 1 分	
	8	基本图形的绘制正确	5	错一处扣 1 分	

续表

项目	序号	技术要求	配分	评分标准	得分
绘图质量（40%）	9	图幅大小合适，布图方案合理	5	不合格，不得分	
	10	标题栏绘制正确，内容填写规范	5	错一处扣 1 分	
	11	绘图所用线型正确	5	错一处扣 1 分	
	12	零件轮廓清晰，无缺线	5	错一处扣 1 分	
	13	尺寸标注完整，无遗漏	5	错一处扣 1 分	
	14	几何公差标注合理，无错误	5	错一处扣 1 分	
	15	表面结构符号和基准符号标注正确	5	错一处扣 1 分	
	16	技术要求书写规范	5	错一处扣 2 分	
安全文明生产（10%）	17	操作安全	5	违反一处扣 2 分	
	18	机房清理	5	不合格不得分	
总得分					

二、小组评价

把打印好的球阀体零件平面图形先进行分组展示，再由小组推荐代表做必要的介绍。在展示的过程中，以小组为单位进行评价；评价完成后，根据其他小组成员对本组展示的成果进行评价，并将评价意见归纳总结。完成如下项目：

1．本小组展示的球阀体零件平面图形符合机械制图标准吗？

很好□　　一般□　　不准确□

2．本小组介绍成果表达是否清晰？

很好□　　一般，常补充□　　不清晰□

3．本小组演示的球阀体零件平面图形绘制方法正确吗？

正确□　　部分正确□　　不正确□

4．本小组演示操作时遵循“6S”工作要求吗？

符合工作要求□　　忽略了部分要求□　　完全没有遵循□

5．本小组所用的计算机、打印机保养完好吗？

良好□　　一般□　　不合要求□

6．本小组的成员团队创新精神如何？

良好□　　一般□　　不足□

三、教师评价

教师对展示的图样分别做评价。

1．找出各组的优点进行点评。

2．对展示过程中各组的缺点进行点评，提出改进方法。

3．对整个任务完成中出现的亮点和不足进行点评。

四、总结提升

1．回顾本次学习任务的工作过程，归纳整理所学知识和技能。

2．试结合自身任务完成情况，通过交流讨论等方式，较全面、规范地撰写本次任务的工作总结。

工作总结（心得体会）

评价与分析

学习任务三评价表

班级			姓名			学号			
项目	自我评价			小组评价			教师评价		
	10 ~ 9 分	8 ~ 6 分	5 ~ 1 分	10 ~ 9 分	8 ~ 6 分	5 ~ 1 分	10 ~ 9 分	8 ~ 6 分	5 ~ 1 分
	占总评 10%			占总评 30%			占总评 60%		
学习活动 1									
学习活动 2									
学习活动 3									
学习活动 4									
学习活动 5									
表达能力和分析能力									
协作精神									
纪律观念									
工作态度									
任务总体表现									
小计分									
总评分									

任课教师：　　　　年　　月　　日

任务拓展

多孔轴零件平面图形的绘制

一、工作情境描述

企业设计部接到一项绘图任务：根据提供的多孔轴零件平面图形（图 3–18）绘制 CAD 图形，便于生产部门进行批量生产。技术主管将绘图任务分配给绘图员张强，让他应用计算机绘图软件进行绘制，并将零件平面图形打印出来。

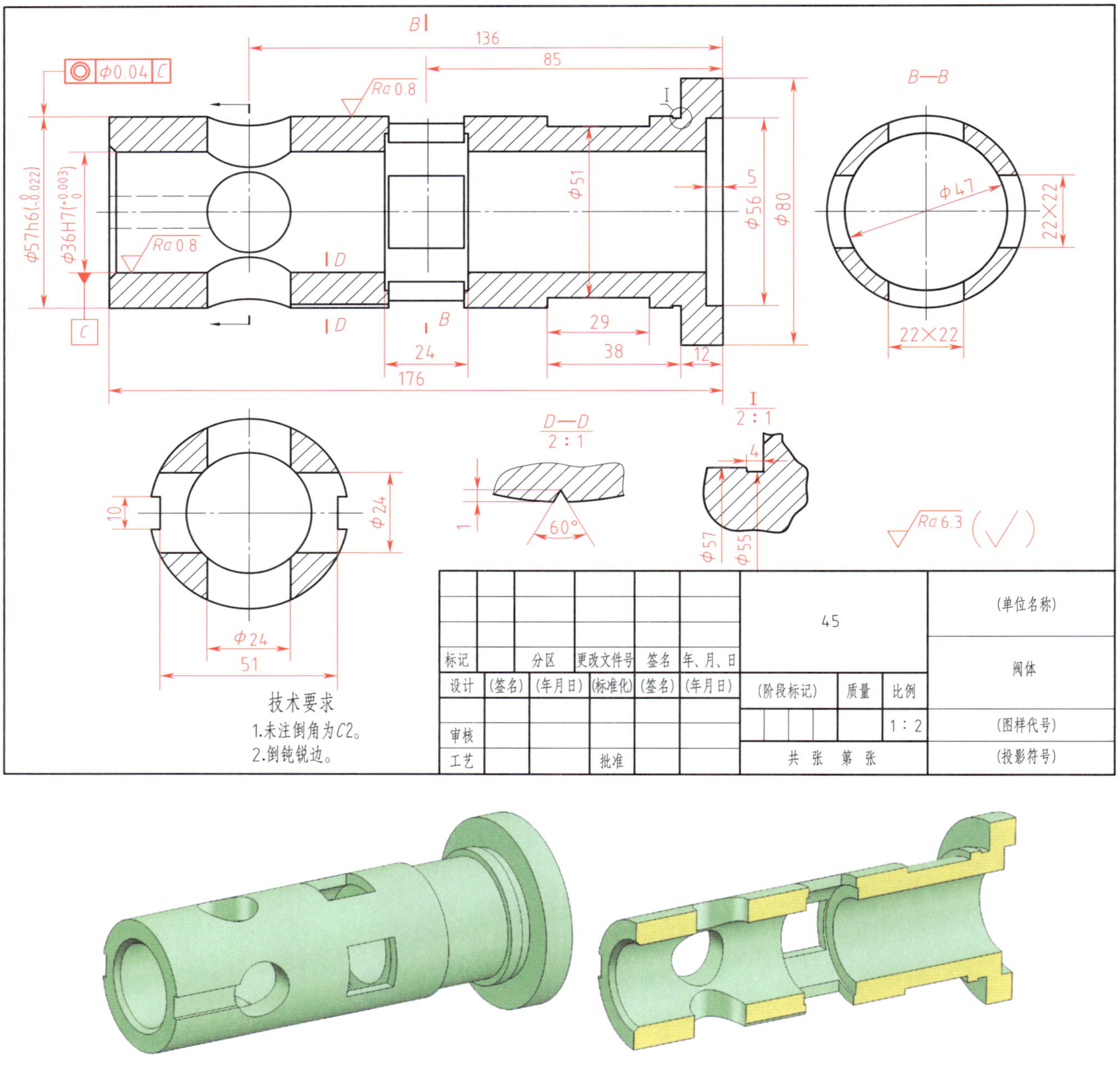

B—B

D—D
2∶1

I
2∶1

136 85 Ra 0.8 ϕ0.04 C ϕ57h6(-0.022) ϕ36H7(+0.003) ϕ51 ϕ56 ϕ80 5 29 38 12 24 176 ϕ47 22×22 10 ϕ24 51 1 60° 4 ϕ57 ϕ55 Ra 6.3 (√)

						45			(单位名称)
标记		分区	更改文件号	签名	年、月、日				阀体
设计	(签名)	(年月日)	(标准化)	(签名)	(年月日)	(阶段标记)	质量	比例	
审核								1∶2	(图样代号)
工艺			批准			共 张 第 张			(投影符号)

技术要求

1.未注倒角为C2。

2.倒钝锐边。

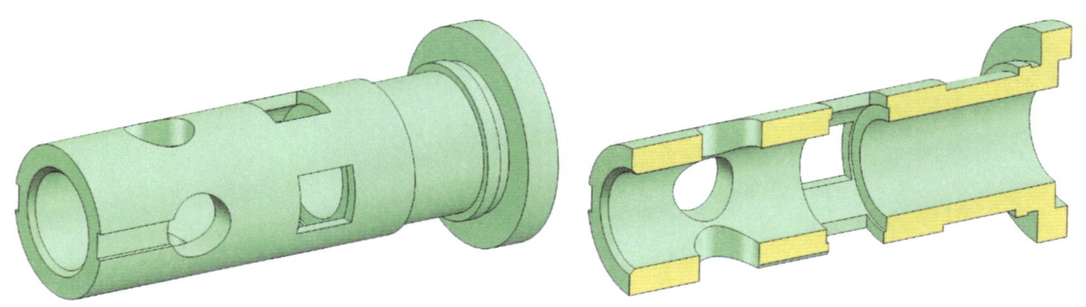

图 3–18 多孔轴零件平面图形

二、评分标准

按表 3–6 所示项目和技术要求，对绘制的多孔轴零件平面图形进行评分。

表 3–6　　多孔轴零件平面图形绘制评分标准

项目	序号	技术要求	配分	评分标准	得分
零件平面图形分析（25%）	1	零件轮廓尺寸分析正确	5	错一处扣 1 分	
	2	定形与定位尺寸分析正确	5	错一处扣 1 分	
	3	孔的尺寸分析正确	5	错一处扣 1 分	
	4	线型分析正确	5	错一处扣 1 分	
	5	尺寸标注及几何公差分析正确	5	错一处扣 1 分	
软件操作（25%）	6	基本绘图命令执行方法正确	10	错一处扣 1 分	
	7	基本绘图命令操作正确	10	错一处扣 1 分	
	8	基本图形的绘制正确	5	错一处扣 1 分	
绘图质量（40%）	9	图幅大小合适，布图方案合理	5	不合格，不得分	
	10	标题栏绘制正确，内容填写规范	5	错一处扣 1 分	
	11	绘图所用线型正确	5	错一处扣 1 分	
	12	零件轮廓清晰，无缺线	5	错一处扣 1 分	
	13	尺寸标注完整，无遗漏	5	错一处扣 1 分	
	14	表面结构符号标注合理，无错误	5	错一处扣 1 分	
	15	剖切符号标注正确	5	错一处扣 1 分	
	16	技术要求书写规范	5	错一处扣 2 分	
安全文明生产（10%）	17	操作安全	5	违反一处扣 2 分	
	18	机房清理	5	不合格不得分	
总得分					

世赛知识

现行机械制图国家标准修订向国际标准靠拢的主要体现

世界技能大赛使用的机械图样都是按照国际标准（ISO）绘制的。若要看懂世赛图样，需要了解我国现行机械制图国家标准的修订向国际标准靠拢的主要体现。

1．投影体系和国际标准等同

我国采用第一角投影法绘图，而国外很多国家多采用第三角投影法。为了向国际标准靠拢，国家标准《技术制图　图线》（GB/T 17451—1998）中规定了机械制图必须采用正投影法绘图，并优先采用第一角投影法绘图，必要时允许使用第三角投影法绘图。这样第三角投影法与第一角投影法具有同等效力，改变了我国一直采用第一角投影法的单一投影体制，为与国际间的交流提供了便利。

同时，国家标准《技术制图　标题栏》（GB/T 10609.1—2008）中增加了“投影符号”（第一角，第三角）的标注项，标注位置在原标题栏中“图样代号”一栏，在标题栏中画有标记符号，根据标记符号可识别图样的投影画法。

2．去掉汉字，以简便易懂为原则

随着对外技术交流不断增多，国家标准的修订几乎等同于国际标准，所以国家标准中尽量减少汉字，如在新国家标准《产品几何技术规范（GPS）技术产品文件中表面结构的表示法》（GB/T 131—2006）对表面结构的标注原则中规定：当零件表面多数具有相同表面要求时，可以统一标注。在旧国家标准的图样标注中，把使用最多的一种要求统一注写在图样的右上角，并加注“其余”两字，而新国家标准就把“其余”两字去掉，改为在标题栏附近标注符号，去掉汉字，更加简洁明了，如图 3–19 所示。

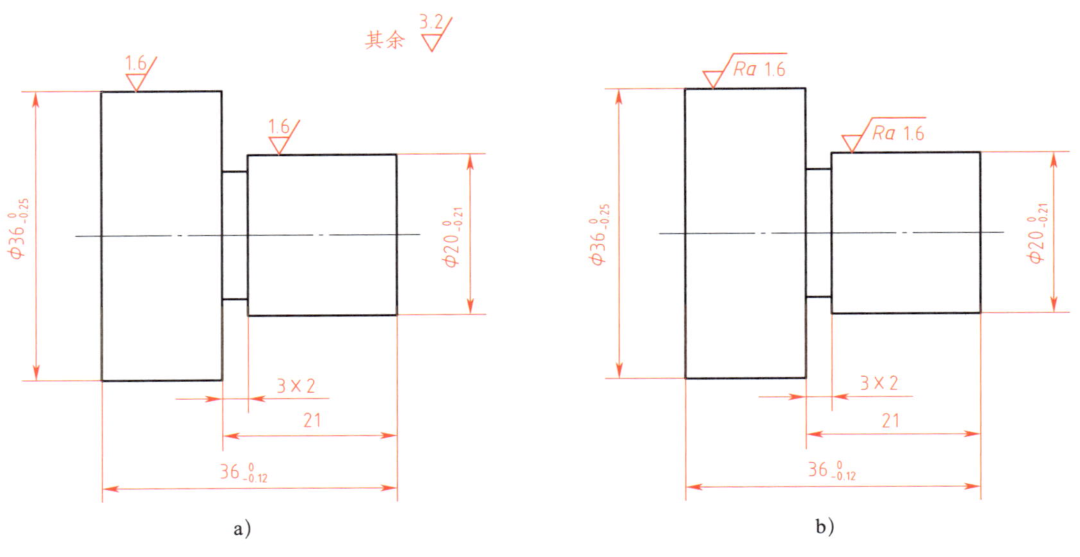

图 3–19　新旧国标的标注比较

a）旧国家标准　b）新国家标准

另外，国家标准《机械制图　图样画法　视图》(GB/T 4458.1—2002) 中规定：向视图和斜视图的名称由原来的“× 向”改为“×”，取消了名称中的“向”字；斜视图原标注“× 向旋转”现改为旋转符号，旋转符号的箭头与旋转方向一致，大写拉丁字母应紧靠旋转符号的箭头端，要加旋转角度时，角度应注写在字母之后，如图 3-20 所示。

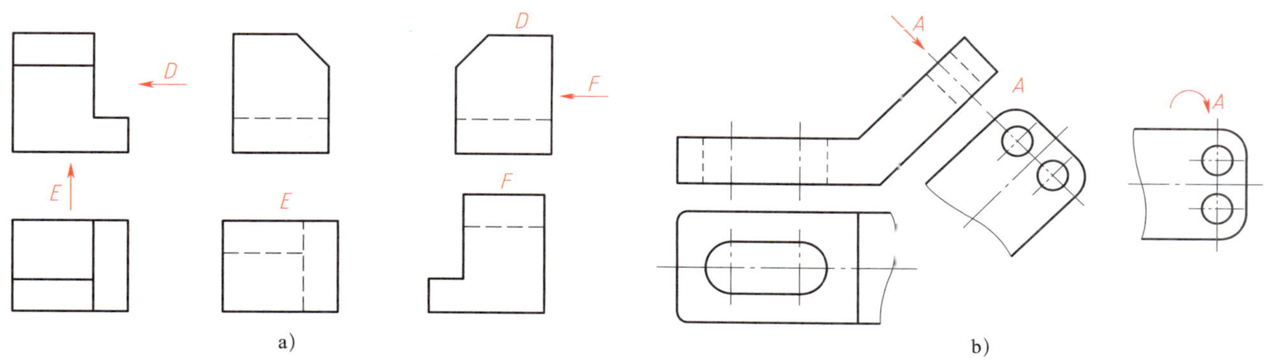

图 3-20　新国家标准向视图和斜视图的标注方法

a）向视图　b）斜视图

3．新国家标准符号和国际标准符号统一

旧国家标准中一些符号已经沿用了很长时间，并且和国际标准符号有些区别，为了和国际标准统一，新国家标准中采用了国际标准符号。

如国家标准《产品几何技术规范（GPS）几何公差　形状、方向、位置和跳动公差标注》(GB/T 1182—2008)（现行标准为 GB/T 1182—2018）中的几何公差符号，其基准符号做了修改，基准符号改为与国际标准一致，如图 3-21 所示。

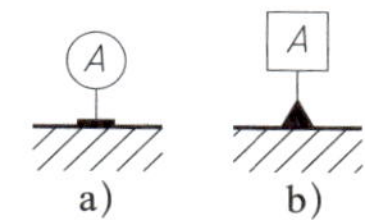

图 3-21　新旧国家标准基准符号标注比较

a）旧国家标准　b）新国家标准

学习任务四　蜗轮减速箱体零件平面图形的绘制

学习目标

1. 通过识读标题栏，了解蜗轮减速箱体的材料、绘图比例。

2. 通过识读蜗轮减速箱体零件平面图形，确定蜗轮减速箱体的结构形状、尺寸、几何公差和表面质量要求。

3. 通过识读技术要求，确定蜗轮减速箱体的热处理要求和未注公差尺寸要求。

4. 能独立完成图层、线型、文字样式、标注样式等内容的设置。

5. 能根据蜗轮减速箱体的结构，确定绘图方法。

6. 能根据蜗轮减速箱体零件平面图形的分析，做好计算机绘图前的准备工作。

7. 能绘制蜗轮减速箱体零件平面图形的图框和标题栏。

8. 能应用“直线”“矩形”“圆”“复制”“旋转”“阵列”“图案填充”“打断”等命令绘制蜗轮减速箱体零件平面图形。

9. 能完成蜗轮减速箱体零件平面图形上的尺寸、基准符号、几何公差和表面结构符号等内容的标注。

10. 能应用“多行文字”命令标注技术要求。

11. 能完成“打印”对话框的设置，并打印出蜗轮减速箱体零件平面图形。

12. 能检测和判断绘图质量。

13. 能根据发现的问题，修改所绘制的图形。

14. 能按分组情况，分别派代表展示工作成果，说明本次任务的完成情况，并做分析总结。

15. 能按机房操作规程，正确使用、维护和保养计算机、打印机等设备。

16. 能严格执行企业操作规程、企业质量体系管理制度、安全生产制度、环保管理制度、“6S”管理制度等企业管理规定。

建议学时

12 学时。

工作情境描述

企业设计部接到一项任务：根据提供的蜗轮减速箱体零件平面图形（图 4–1）绘制 CAD 图形，便于生产部门进行批量生产。技术主管将绘制任务分配给绘图员张强，让他应用计算机绘图软件进行绘制，并将零件平面图形打印出来。

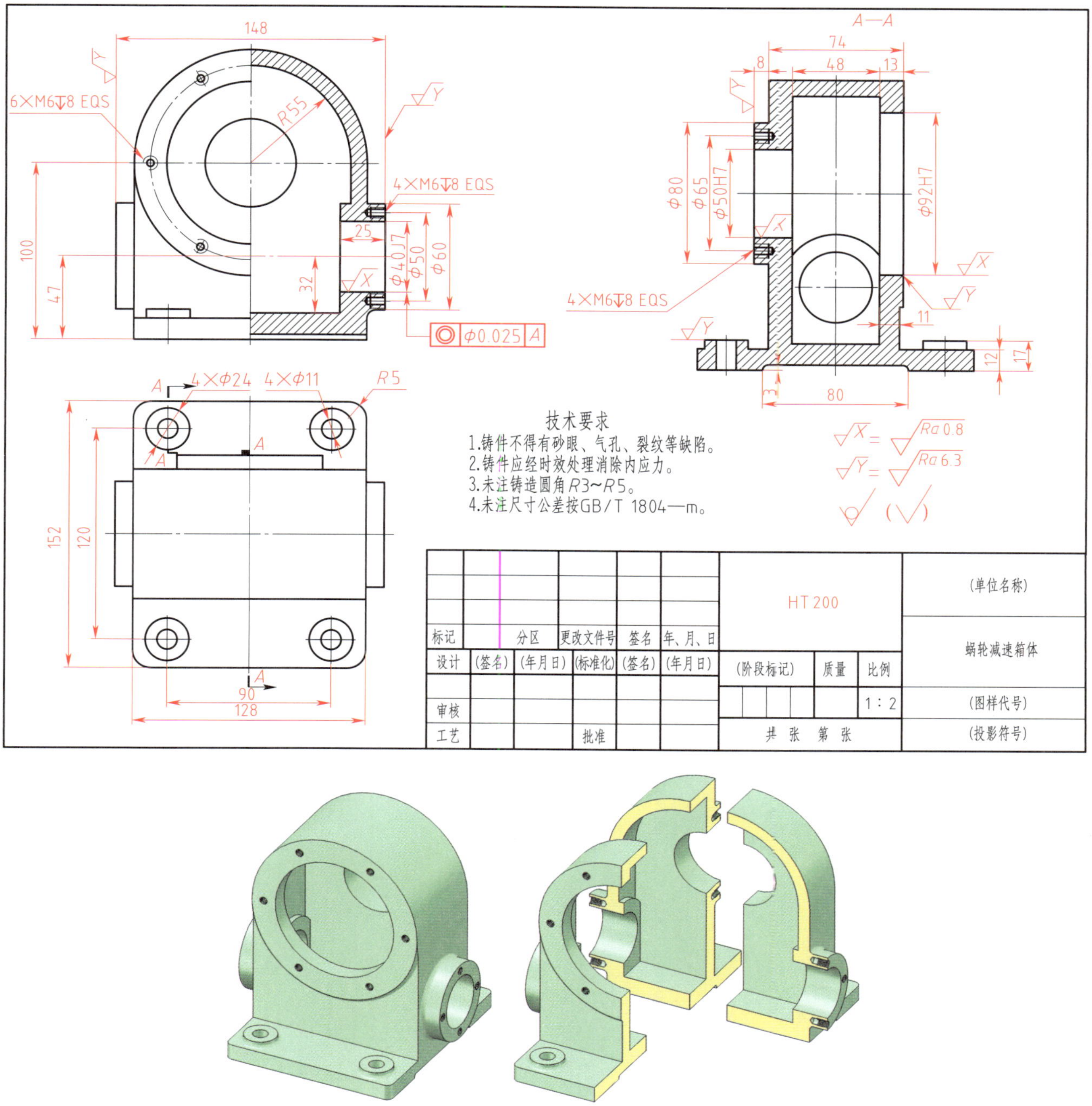

技术要求

1.铸件不得有砂眼、气孔、裂纹等缺陷。
2.铸件应经时效处理消除内应力。
3.未注铸造圆角 $R3\sim R5$。
4.未注尺寸公差按GB/T 1804—m。

标记	分区	更改文件号	签名	年、月、日	HT 200			（单位名称）
设计	（签名）	（年月日）	（标准化）	（签名）	（年月日）	（阶段标记）	质量	比例	蜗轮减速箱体
审核								1∶2	（图样代号）
工艺		批准			共　张　第　张			（投影符号）

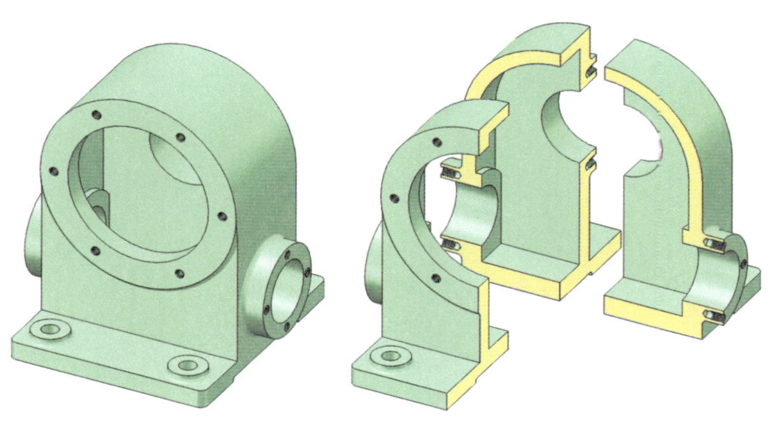

图 4–1　蜗轮减速箱体零件平面图形

工作流程与活动

1．蜗轮减速箱体零件平面图形的分析（2 学时）

2．绘图软件的基本操作（2 学时）

3．蜗轮减速箱体零件平面图形的绘制与打印（4 学时）

4．绘图检测与质量分析（2 学时）

5．工作总结与评价（2 学时）

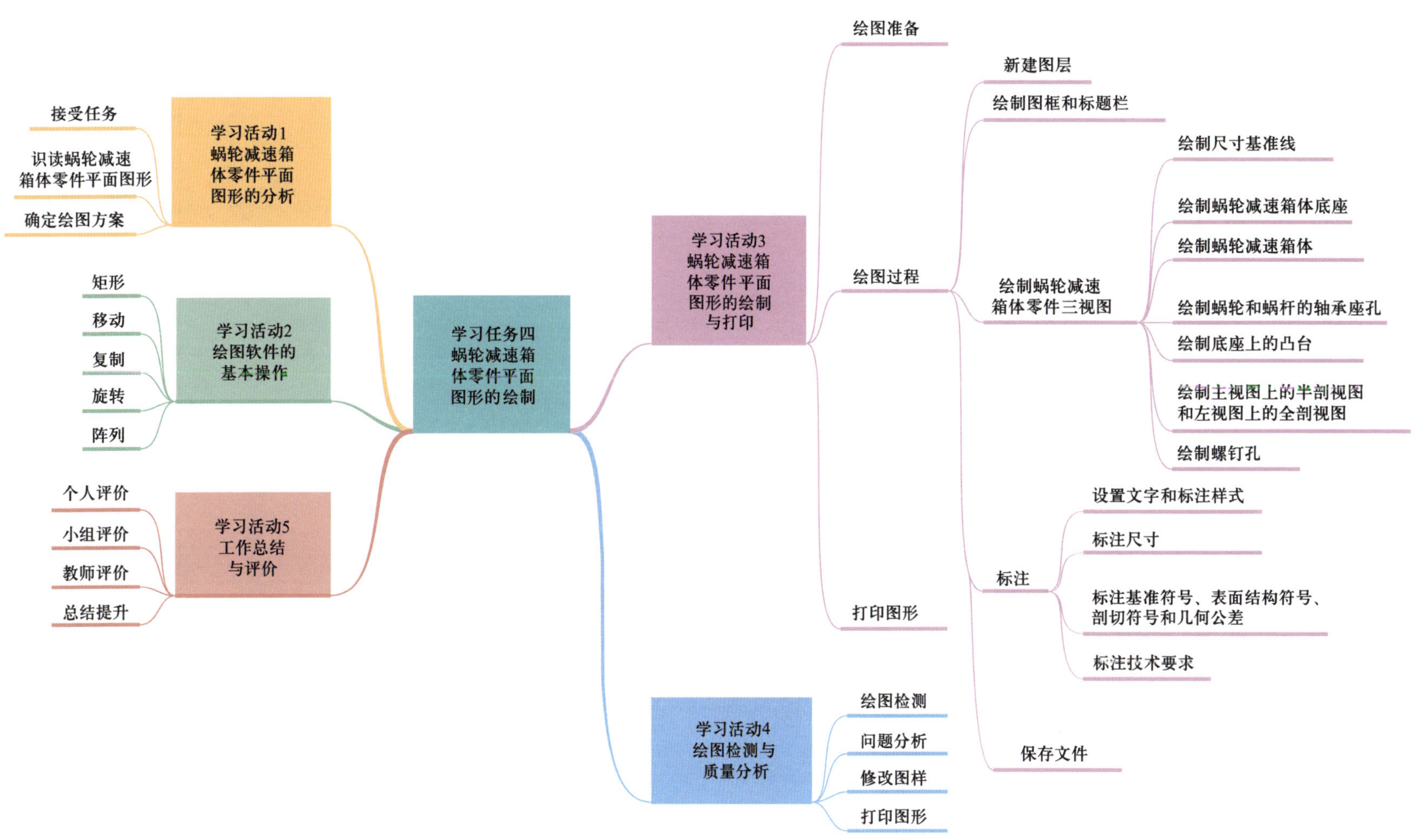
学习任务四
蜗轮减速箱体零件平面图形的绘制
学习活动1
蜗轮减速箱体零件平面图形的分析
接受任务
识读蜗轮减速箱体零件平面图形
确定绘图方案
学习活动2
绘图软件的基本操作
矩形
移动
复制
旋转
阵列
学习活动5
工作总结与评价
个人评价
小组评价
教师评价
总结提升
学习活动3
蜗轮减速箱体零件平面图形的绘制与打印
绘图准备
绘图过程
新建图层
绘制图框和标题栏
绘制蜗轮减速箱体零件三视图
绘制尺寸基准线
绘制蜗轮减速箱体底座
绘制蜗轮减速箱体
绘制蜗轮和蜗杆的轴承座孔
绘制底座上的凸台
绘制主视图上的半剖视图和左视图上的全剖视图
绘制螺钉孔
标注
设置文字和标注样式
标注尺寸
标注基准符号、表面结构符号、剖切符号和几何公差
标注技术要求
保存文件
打印图形
学习活动4
绘图检测与质量分析
绘图检测
问题分析
修改图样
打印图形

学习活动 1　蜗轮减速箱体零件平面图形的分析

学习目标

1. 通过识读标题栏，了解蜗轮减速箱体的材料、绘图比例。

2. 通过识读蜗轮减速箱体三视图，确定蜗轮减速箱的结构形状、尺寸、几何公差和表面质量要求。

3. 通过识读技术要求，确定蜗轮减速箱体的热处理要求和未注铸造圆角大小。

4. 通过识读蜗轮减速箱体零件平面图形，确定图幅、图层、线型、文字样式、标注样式等内容的设置。

5. 能根据蜗轮减速箱体的结构，确定绘图方法和步骤。

6. 能与生产技术人员、生产主管等相关人员沟通，了解绘制蜗轮减速箱体零件平面图形所用到的 CAD 指令。

7. 能根据蜗轮减速箱体零件平面图形分析，做好计算机绘图前的准备工作。

建议学时：2 学时。

学习过程

一、接受任务

听技术主管描述本次绘图任务，正确填写任务记录单（表 4–1）。

表 4–1　任务记录单

部门名称				出图数量	
任务名称				预交付时间	年　月　日
下单人		年　月　日	接单人		年　月　日
制图		年　月　日	审核		年　月　日
批准		年　月　日	交付人		年　月　日

二、识读蜗轮减速箱体零件平面图形

1．查阅资料，询问技术主管，明确蜗轮减速箱体的用途。

2．蜗轮减速箱体是由哪种材料制造的？该种材料有什么特性？

3．蜗轮减速箱体零件平面图形采用几个视图来表达零件的形状和结构？主视图和左视图各采用了什么表达方法？

4．蜗轮减速箱体高度方向的尺寸基准线是哪条直线？以高度方向的尺寸基准线为基准标注了哪些尺寸？

5．蜗轮减速箱体长度方向的尺寸基准线是哪条直线？以长度方向的尺寸基准线为基准标注了哪些尺寸？

6．蜗轮减速箱体宽度方向的尺寸基准线是哪条直线？以宽度方向的尺寸基准线为基准标注了哪些尺寸？

7．蜗轮减速箱体零件平面图形的主视图中的标注“6×M6↧8　EQS”表示什么含义？

8．蜗轮减速箱体哪些部位有配合要求？各配合表面的表面粗糙度值是多少？

9．蜗轮减速箱体零件哪些部位标注了几何公差要求？

10．蜗轮减速箱体零件平面图形的技术要求表达了哪些信息？

三、确定绘图方案

1．应采用哪种图幅绘制蜗轮减速箱体零件平面图形？

2．绘制蜗轮减速箱体零件平面图形需要建立几个图层？

3．试简述绘制蜗轮减速箱体零件平面图形的步骤。

4．与生产技术人员、生产主管等相关人员沟通，了解绘制蜗轮减速箱体零件平面图形所用到的CAD指令有哪些。

学习活动 2　绘图软件的基本操作

学习目标

1. 能利用“矩形”命令绘制矩形。

2. 能利用“移动”命令将图形对象从一个位置移动到另一位置。

3. 能利用“复制”命令绘制多个相同轮廓的图形。

4. 能利用“旋转”命令旋转图形。

5. 能利用“阵列”命令阵列图形。

6. 能按机房操作规程和“6S”管理要求，正确使用、维护和保养计算机、打印机等设备。

建议学时：2 学时。

学习过程

一、矩形

“矩形”命令用于绘制矩形。绘制时，可通过指定矩形的参数（长度、宽度、旋转角度）或指定矩形的角点类型（圆角、倒角或直角）来创建矩形。

1．执行“矩形”命令的方法有哪几种?

2．利用“矩形”命令绘制如图 4–2a、图 4–2b 所示矩形。

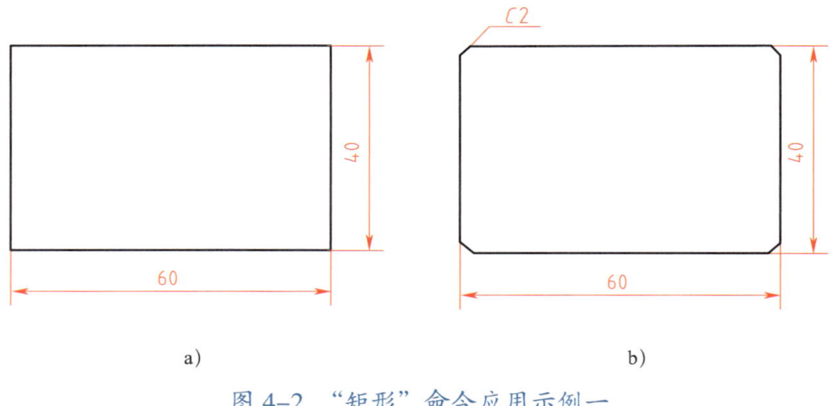

图 4–2 “矩形”命令应用示例一

a）直角矩形 b）倒角矩形

3．利用“矩形”命令绘制如图 4–3 所示矩形。

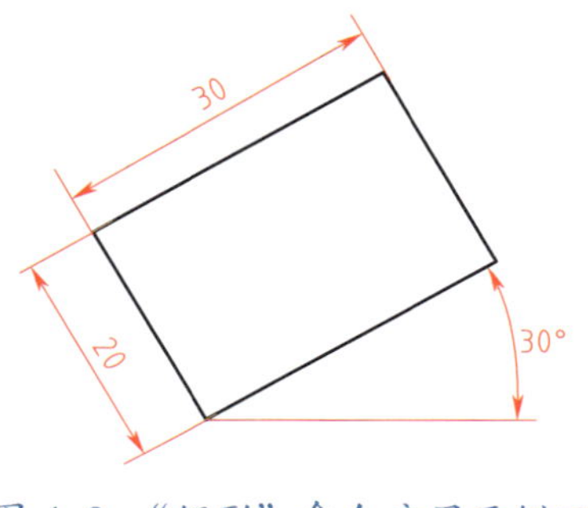

图 4–3 “矩形”命令应用示例二

二、移动

“移动”命令用于在不改变图形对象大小和形状的情况下，将图形对象从一个位置移动到另一位置。

1．执行“移动”命令的方法有哪几种?

2．利用“移动”命令将图 4–4a 所示 ϕ 20 mm 圆及其标注移动至图 4–4b 所示位置。

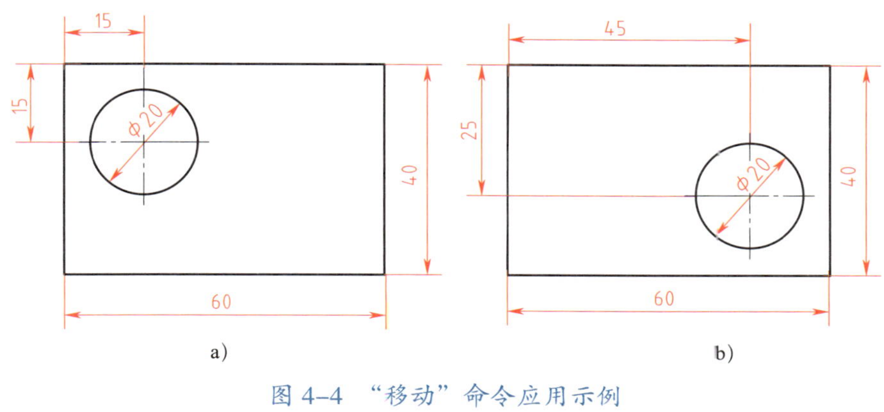

图 4–4 “移动”命令应用示例

a）移动前 b）移动后

三、复制

“复制”命令用于将选择的图形对象从一个位置复制到其他位置，执行一次“复制”命令可以相对于基点多次复制所选择的目标对象。

1．执行“复制”命令的方式有哪几种?

2．利用“复制”命令，将图 4–5a 所示 ϕ 10 mm 圆复制到其他三处的中心线交点处，绘制结果如图 4–5b 所示。

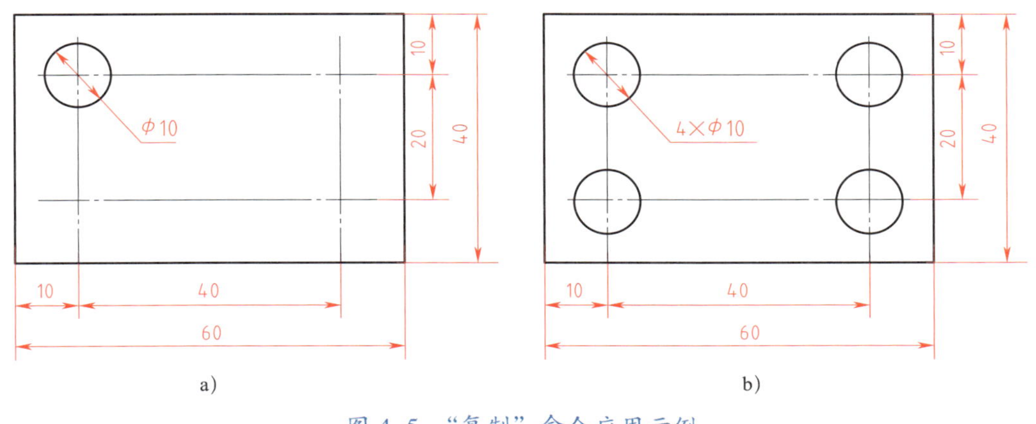

图 4–5 “复制”命令应用示例

a）复制前 b）复制后

3．“编辑”菜单中的“复制”命令与“修改”面板中的“复制”命令有何不同?

四、旋转

“旋转”命令用于在不改变图形对象大小和形状的前提下，将图形对象绕某一基点旋转一定角度并改变对象的位置，可以一次旋转一个或多个对象。

1．执行“旋转”命令的方法有哪几种?

2．利用“旋转”命令将图 4–6a 所示图形旋转 15°，绘制结果如图 4–6b 所示。

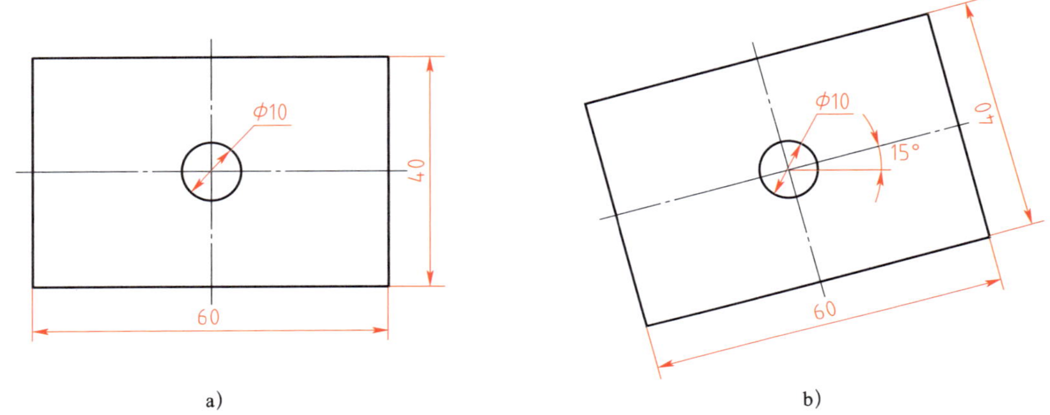

图 4–6 “旋转”命令应用示例一
a）旋转前 b）旋转后

3．利用“旋转”命令绘制如图 4–7 所示图形，并标注尺寸。

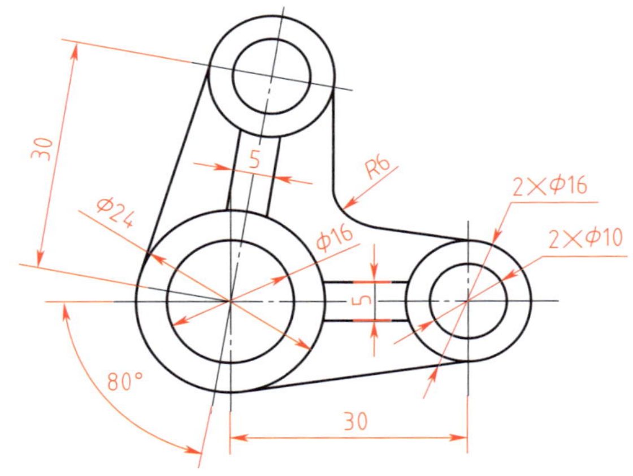

图 4–7 “旋转”命令应用示例二

五、阵列

“阵列”命令用于按照一定的排列规律一次复制多个图形对象。

1．不同的 CAD 绘图软件阵列方式不同，所用的 CAD 绘图软件有哪几种阵列方式?

2．不同的 CAD 绘图软件阵列方式不同，但一般都有“矩形阵列”和“圆形阵列”两种阵列方式。什么是“矩形阵列”？什么是“圆形阵列”？

3．利用“矩形阵列”命令绘制如图 4–8 所示图形。

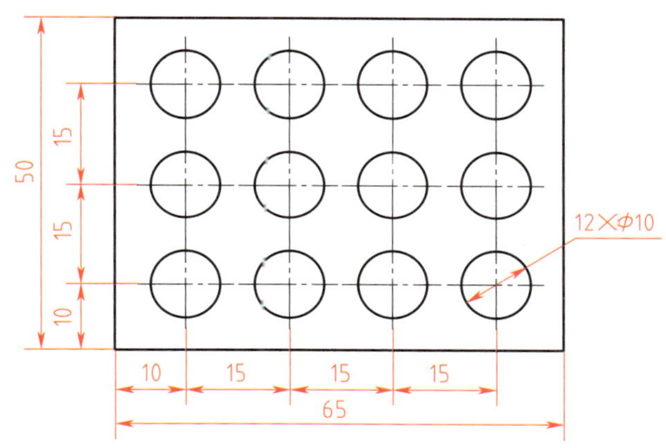

图 4–8　“矩形阵列”命令应用示例

4．利用“圆形阵列”命令绘制如图 4–9 所示图形。

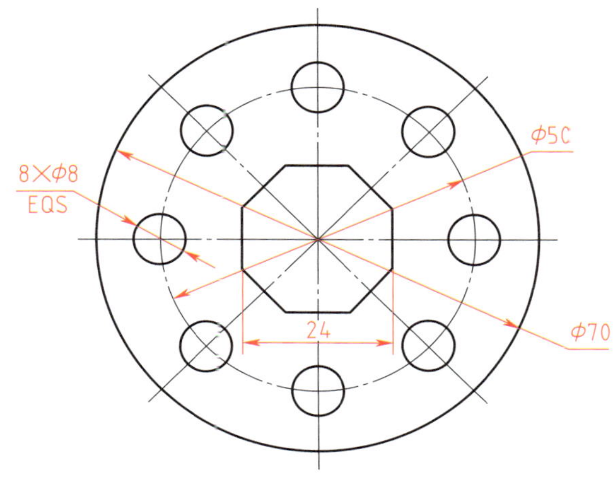

图 4–9　“圆形阵列”命令应用示例

学习活动 3　蜗轮减速箱体零件平面图形的绘制与打印

学习目标

1. 能绘制蜗轮减速箱体零件平面图形的图框和标题栏。

2. 能根据蜗轮减速箱体零件平面图形所用线型新建图层。

3. 能正确应用“直线”“矩形”“圆”“圆角”“复制”“阵列”“等距”“图案填充”等命令绘制蜗轮减速箱体零件平面图形。

4. 能正确应用“矩形”命令绘制蜗轮减速箱体底座。

5. 能正确应用“线性”标注命令，完成蜗轮减速箱体零件三视图的尺寸标注。

6. 能创建基准和表面结构符号图块，并能应用“插入块”命令完成基准和表面结构符号的标注。

7. 能正确应用“公差”命令标注几何公差。

8. 能正确应用“多行文字”命令标注蜗轮减速箱体零件图中的技术要求。

9. 能完成“打印”对话框的设置，并能打印蜗轮减速箱体零件平面图形。

建议学时：4 学时。

学习过程

一、绘图准备

工具：CAD 绘图软件。

材料：蜗轮减速箱体零件平面图形。

设备：计算机、打印机。

资料：工作任务书、蜗轮减速箱体零件生产工艺文件、计算机安全操作规程。

二、绘图过程

1．新建图层

启动 CAD 绘图软件，根据表 4–2 要求，新建四个图层。

表 4–2　图层参数要求

图层名称	颜色	线型	线宽
粗实线	黑色（或白色）	CONTINUOUS	0.5 mm
细实线	黑色（或白色）	CONTINUOUS	0.25 mm
细点画线	红色	CENTER	0.25 mm
尺寸线	绿色	CONTINUOUS	0.25 mm

2．绘制图框和标题栏

根据蜗轮减速箱体零件平面图形的轮廓尺寸及绘图比例，绘制图框和标题栏。标题栏根据国家标准《技术制图　标题栏》（GB/T 10609.1—2008）的规定绘制。

3．绘制蜗轮减速箱体零件三视图

（1）绘制尺寸基准线

将细点画线层置为当前图层，利用“直线”命令和“对象捕捉追踪”功能，绘制三视图的尺寸基准线，如图 4–10 所示。

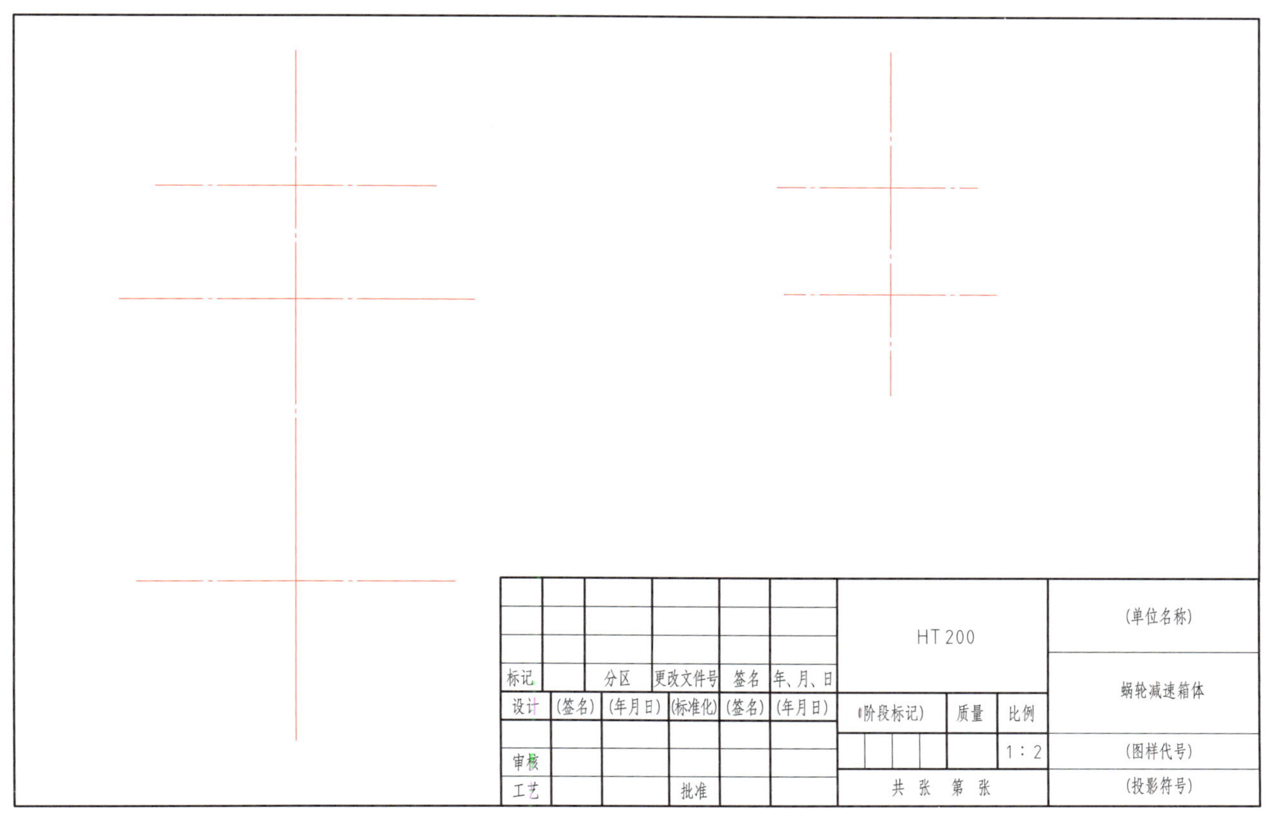

图 4–10　绘制尺寸基准线

（2）绘制蜗轮减速箱体底座

将粗实线层置为当前图层，利用“矩形”“直线”“等距”“修剪”及“圆角”命令，绘制蜗轮减速箱体底座，如图 4–11 所示。

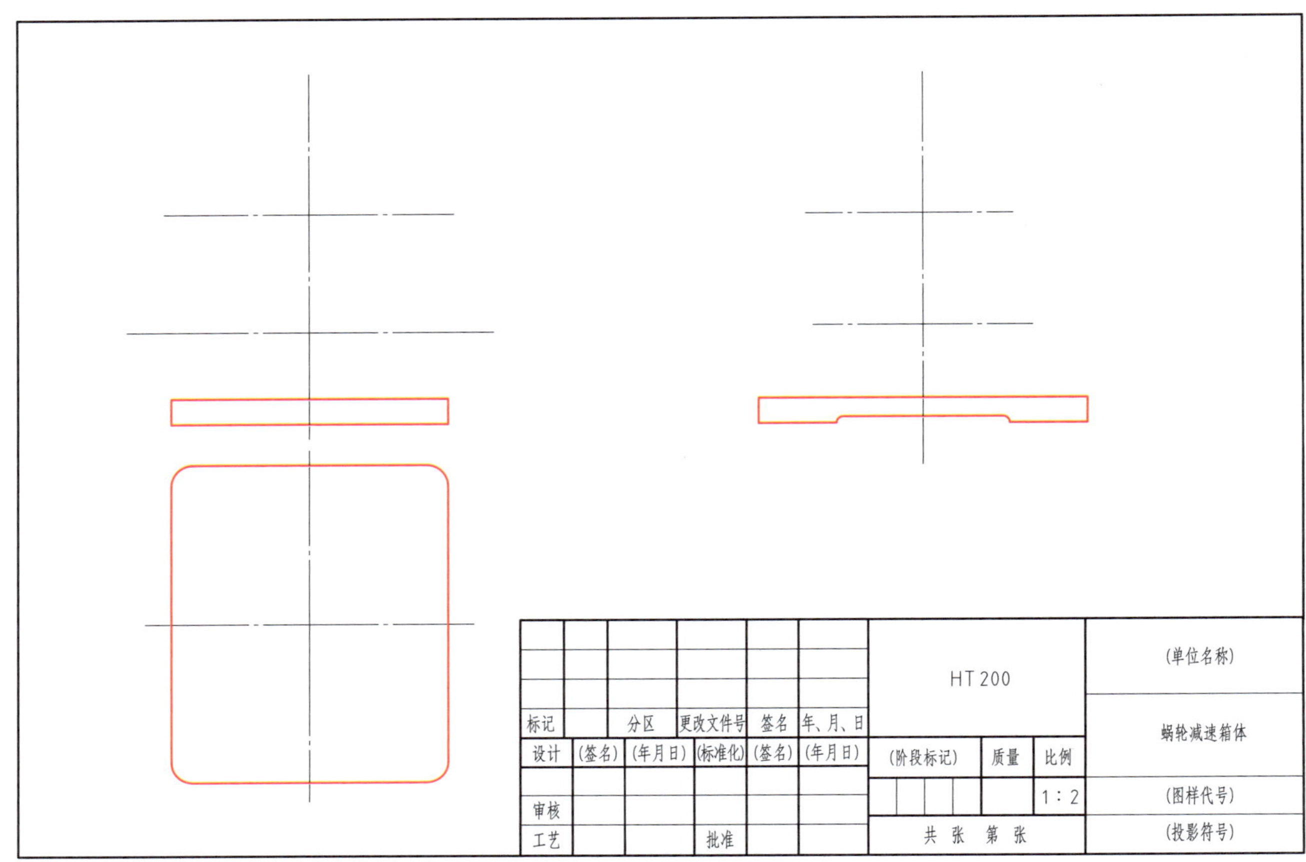

图 4–11 绘制蜗轮减速箱体底座

（3）绘制蜗轮减速箱体

利用“直线”“圆”“等距”及“对象捕捉追踪”命令，绘制蜗轮减速箱体，如图 4-12 所示。

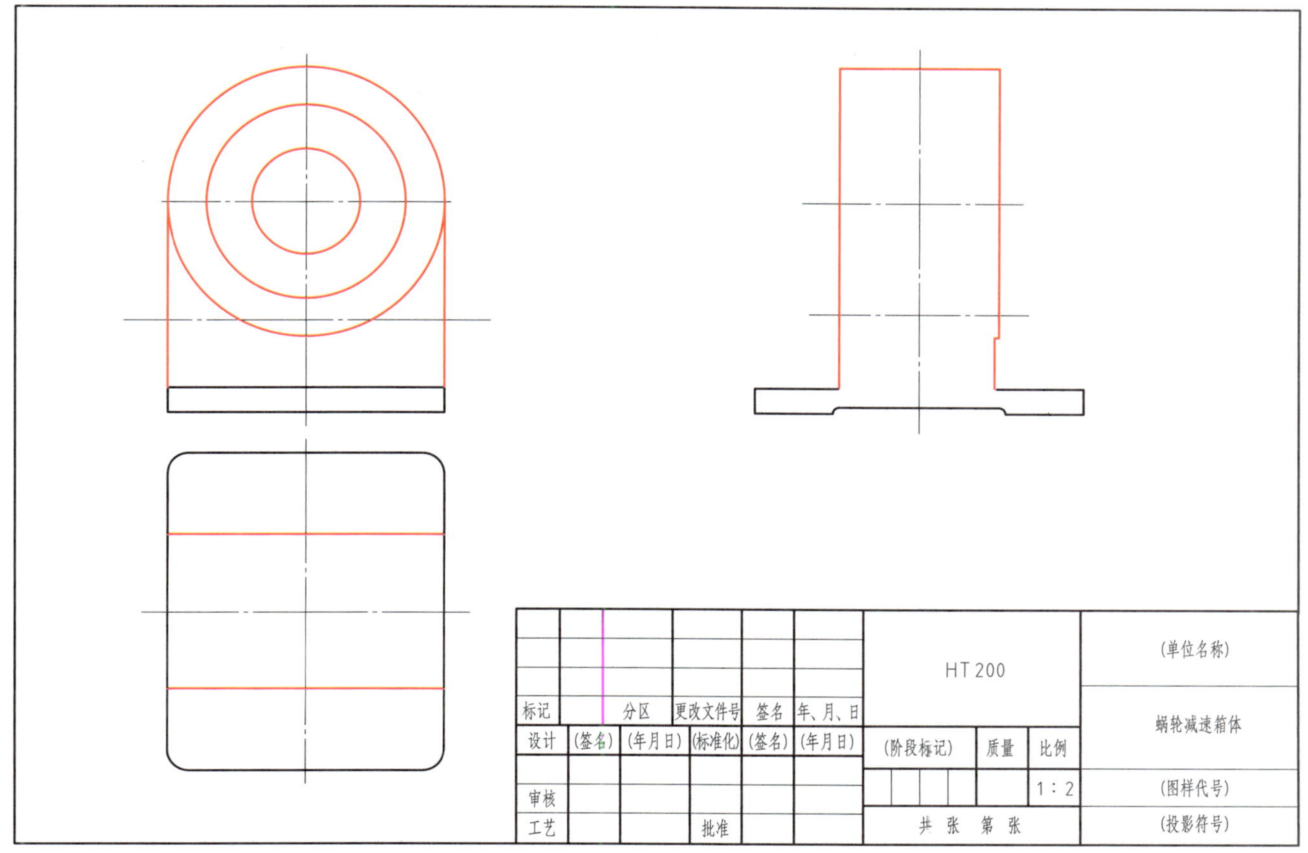

图 4-12　蜗轮减速箱体

（4）绘制蜗轮和蜗杆的轴承座孔

利用“直线”“圆”“等距”“复制”及“对象捕捉追踪”命令，绘制蜗轮和蜗杆的轴承座孔，如图 4–13 所示。

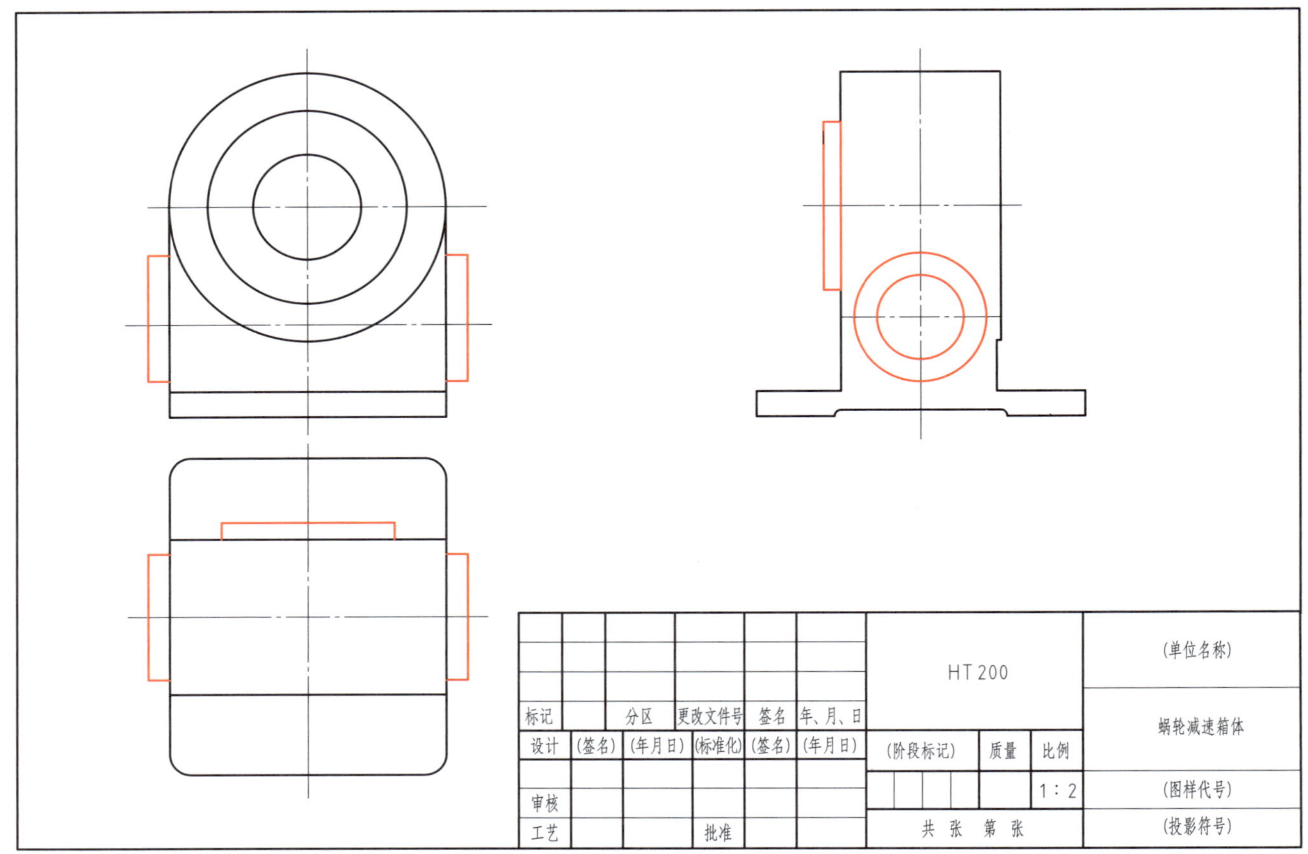

图 4–13　绘制蜗轮和蜗杆的轴承座孔

（5）绘制底座上的凸台

利用“直线”“圆”及“镜像”命令，绘制底座上的凸台，如图 4–14 所示。

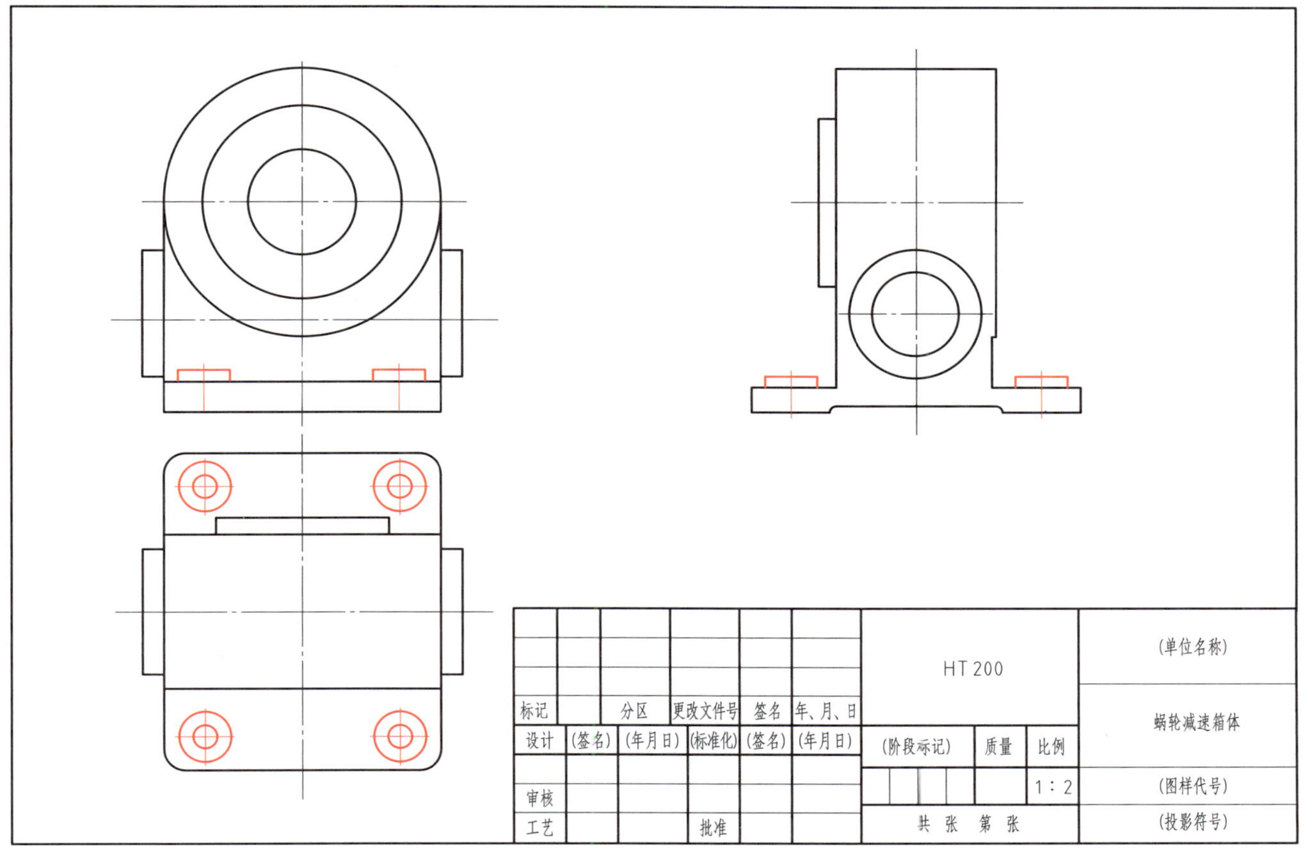

图 4–14　绘制底座上的凸台

（6）绘制主视图上的半剖视图和左视图上的全剖视图

根据图 4-1 所示结构和尺寸，绘制主视图上的半剖视图和左视图上的全剖视图，如图 4-15 所示。

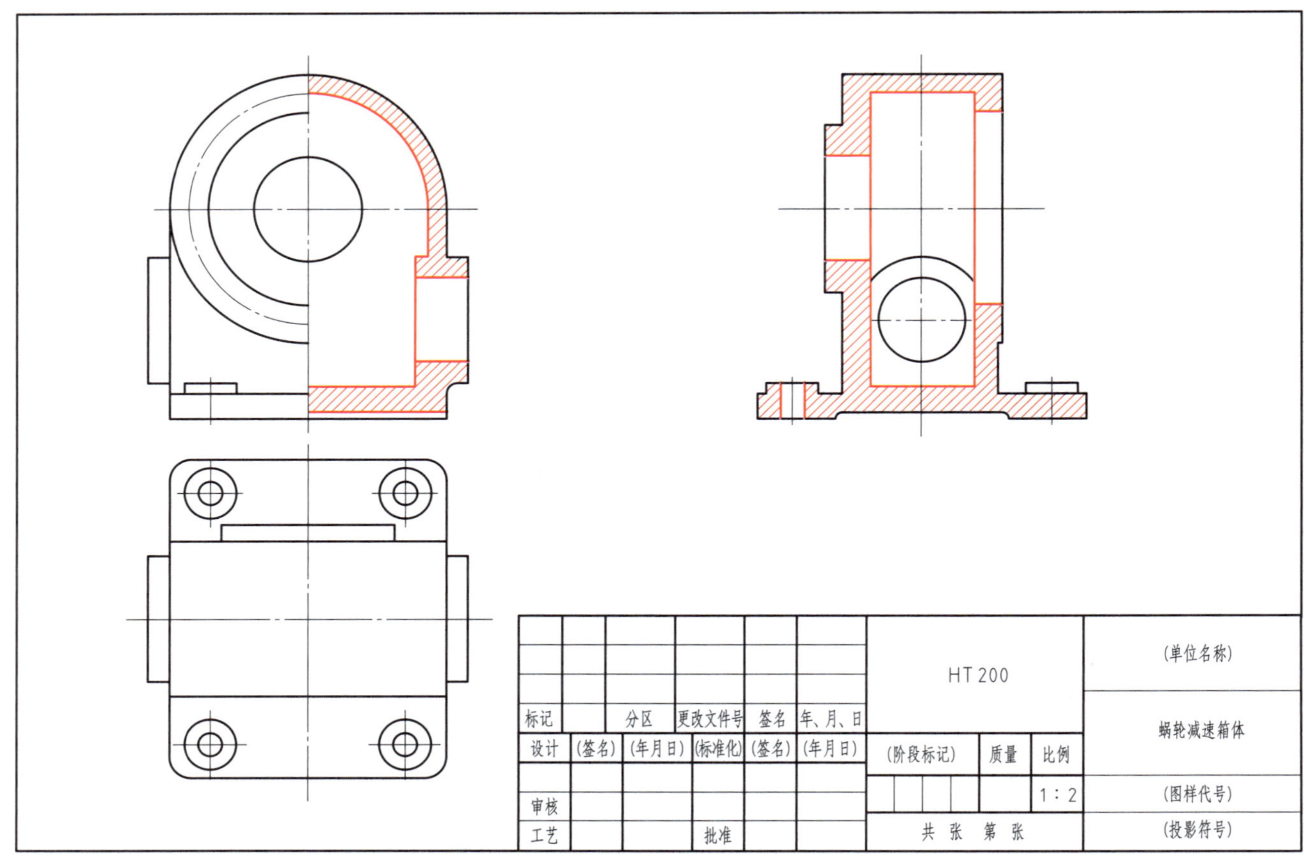

图 4-15　绘制主视图上的半剖视图和左视图上的全剖视图

（7）绘制螺钉孔

先绘制主视图上左侧的螺钉孔，再利用“圆形阵列”命令绘制另外两个螺钉孔（可按 360° 进行阵列，利用“分解”命令，将阵列后的对象分解，然后删除右侧的三个螺钉孔）。再绘制主视图上蜗杆轴承座和左视图上蜗轮轴承座的螺钉孔。结果如图 4–16 所示。

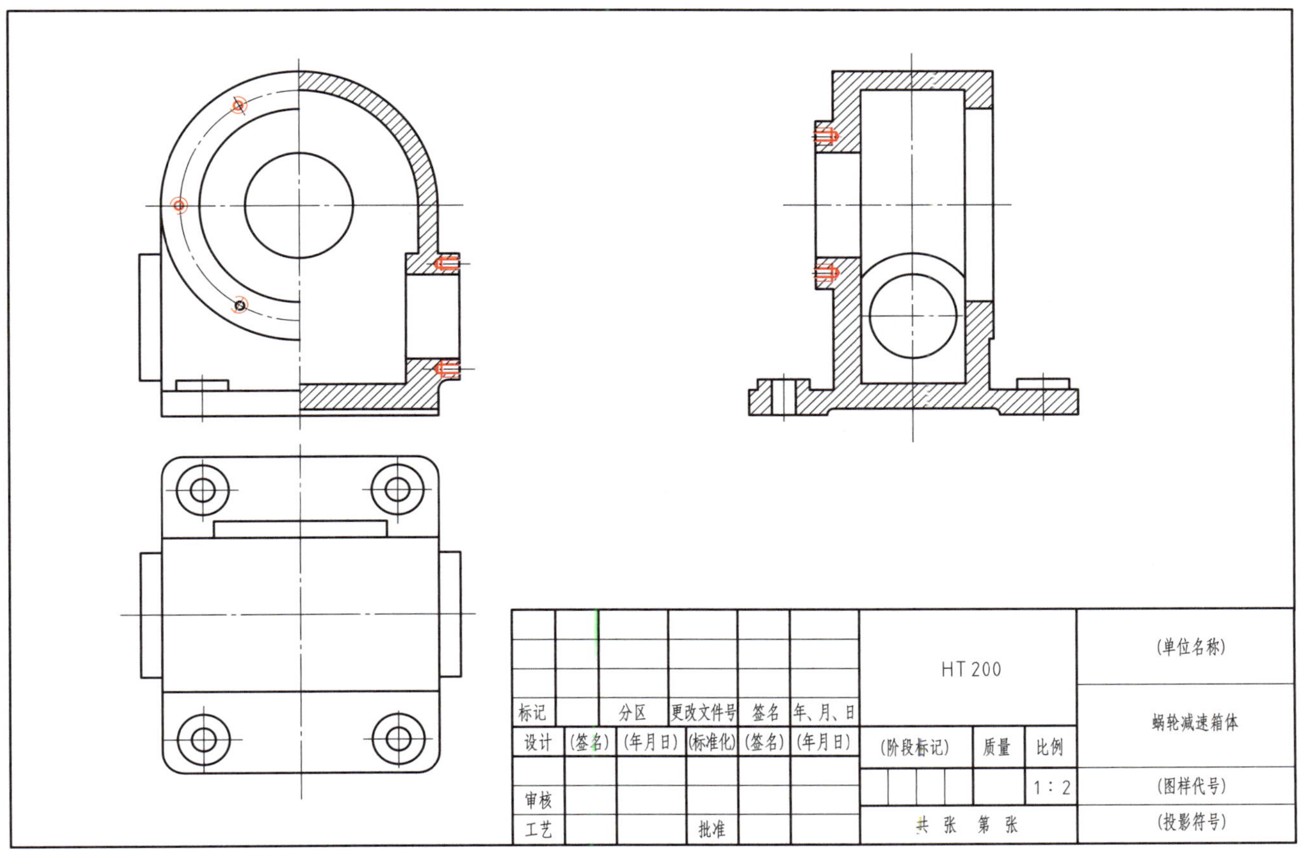

图 4–16　绘制螺钉孔

4．标注

（1）设置文字和标注样式

根据图 4-1 所示尺寸标注，设置文字和标注样式。

（2）标注尺寸

将尺寸标注层置为当前图层，标注蜗轮减速箱体零件平面图形上的尺寸及公差，如图 4-17 所示。

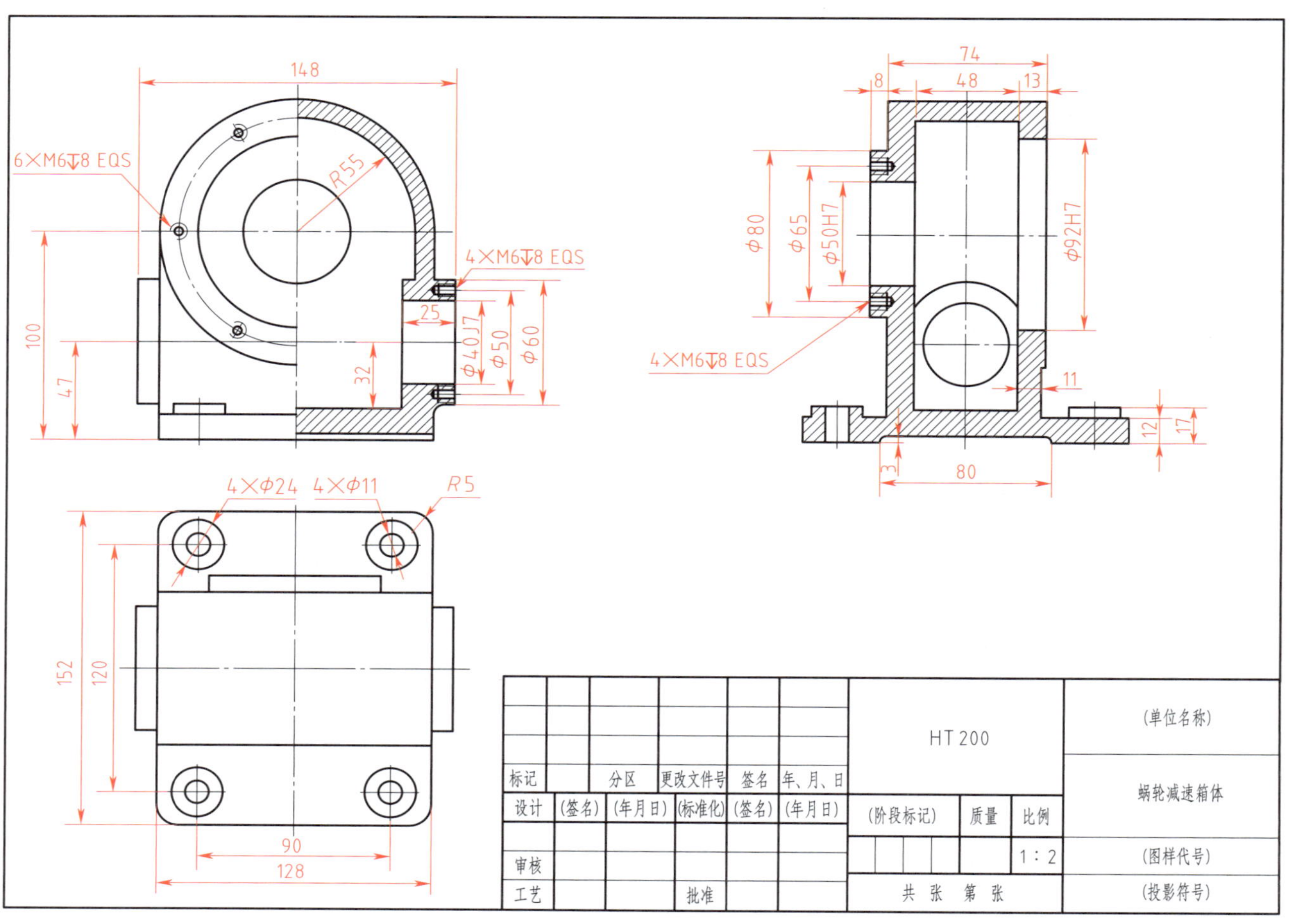

图 4-17　标注尺寸

（3）标注基准符号、表面结构符号、剖切符号和几何公差

创建基准符号、表面结构符号图块，并将其插入到标注位置；利用“直线”和“单行文字”命令绘制俯视图上的剖切符号；利用“标注”菜单中的“公差”命令，标注主视图上的两处几何公差，结果如图 4-18 所示。

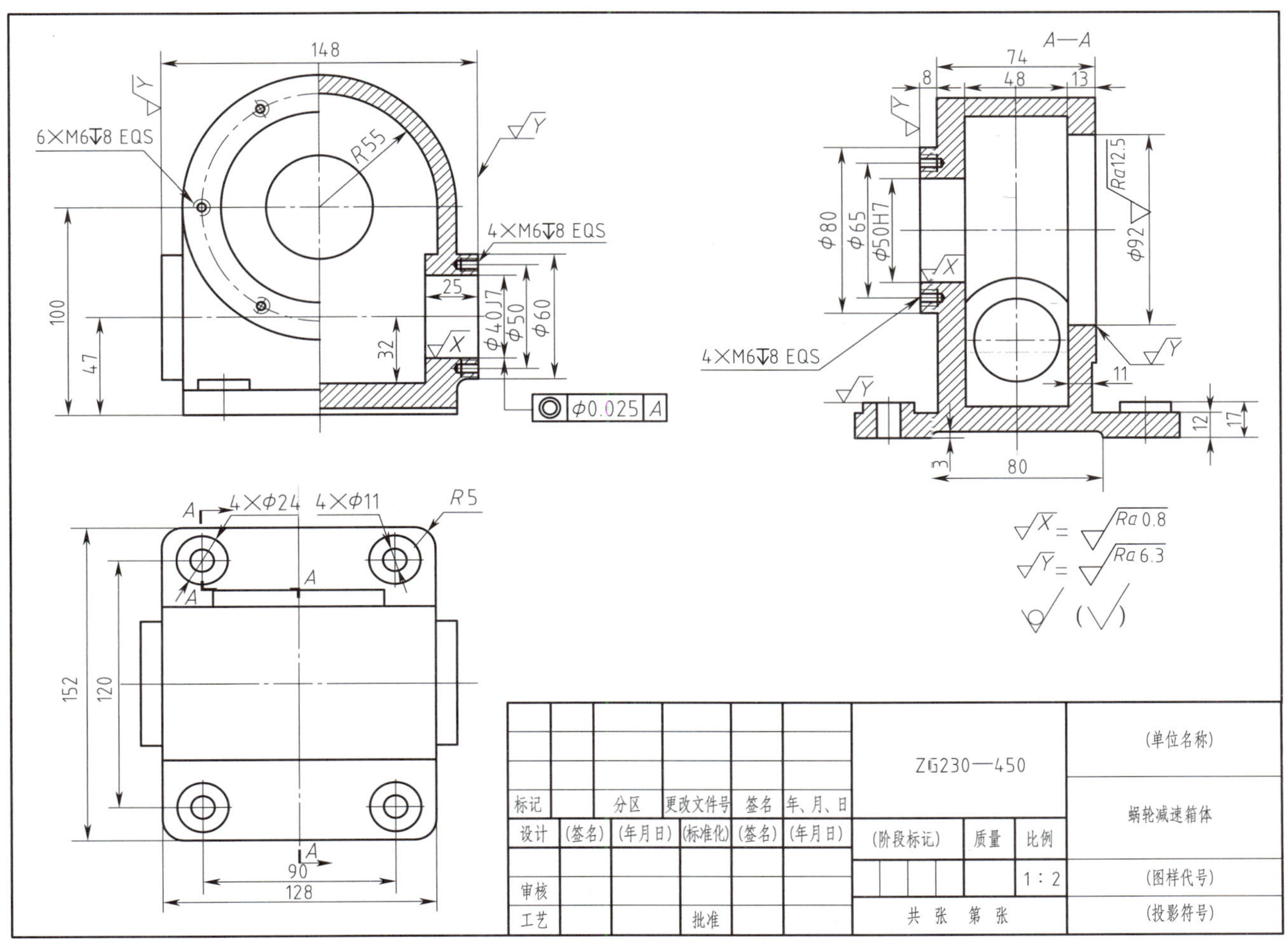

图 4-18　标注基准符号、表面结构符号、剖切符号和几何公差

（4）标注技术要求

利用“多行文字”命令，标注技术要求，如图 4–19 所示。

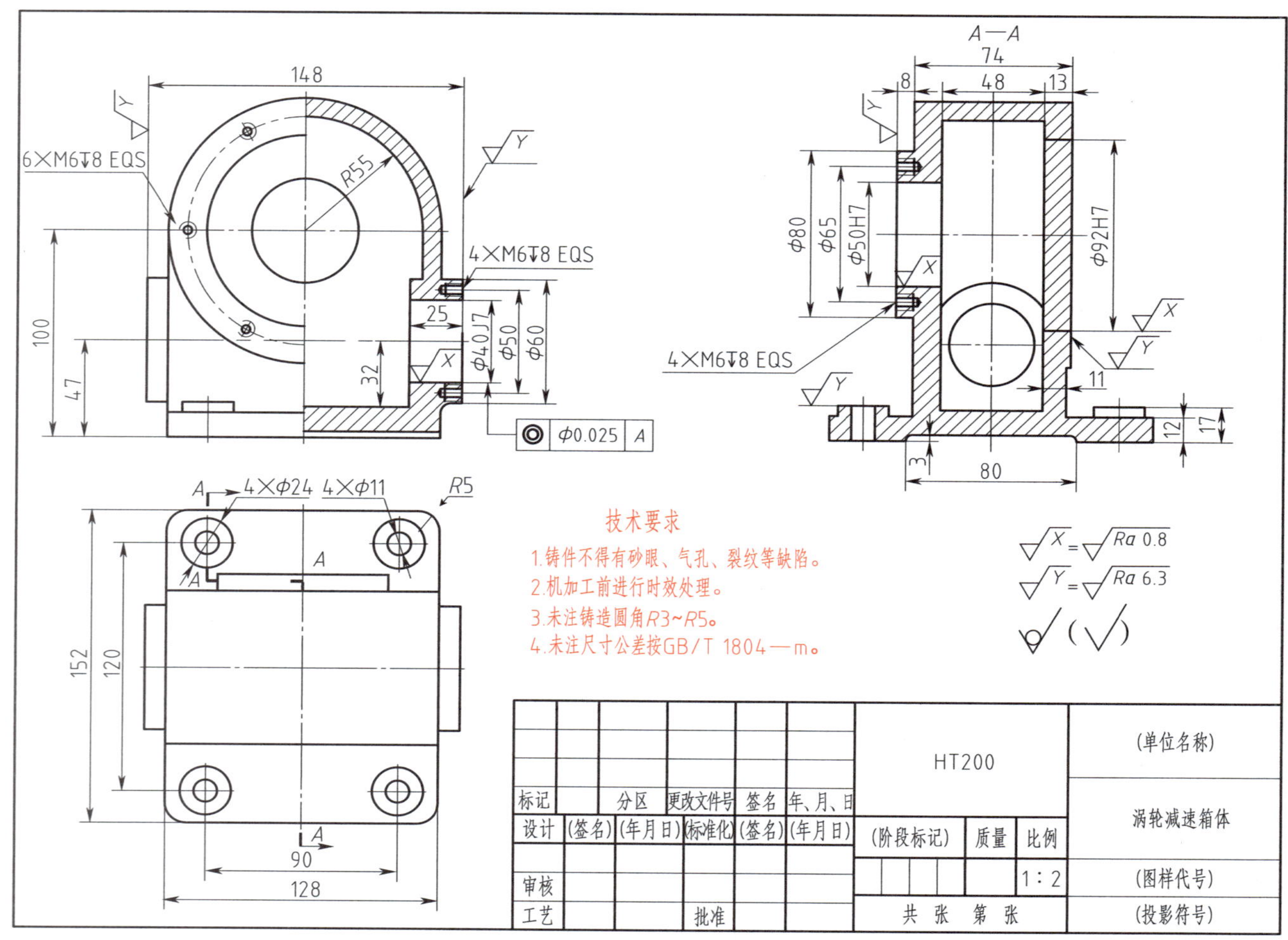

图 4–19 标注技术要求

5．保存文件

将绘制的蜗轮减速箱体零件平面图形保存到指定位置。

三、打印图形

设置打印机，打印一张蜗轮减速箱体零件平面图形以供检测和质量分析用。

学习活动 4　绘图检测与质量分析

学习目标

1. 能判别图幅大小是否合适，布图方案是否合理。
2. 能判别标题栏绘制是否正确，内容填写是否规范。
3. 能判别绘图所用线型是否正确，零件轮廓是否清晰。
4. 能判别尺寸标注是否完整。
5. 能判别公差标注是否合理。
6. 能判别表面结构符号标注是否正确。
7. 能判别所标注的技术要求是否规范。
8. 能根据发现的问题，修改所绘制的图形。
9. 能正确填写任务记录单。

建议学时：2 学时。

学习过程

一、绘图检测（表 4–3）

表 4–3　绘图检测内容及检测结果

序号	绘图要求	绘图检测
1	图幅大小合适，布图方案合理	
2	标题栏绘制正确，内容填写规范	
3	绘图所用线型正确	
4	零件轮廓清晰，无缺线	
5	尺寸标注完整，无遗漏	
6	公差标注合理，无错误	
7	表面结构符号和基准符号标注正确	
8	技术要求书写规范	

二、问题分析

归纳问题产生的原因和预防方法，填入表 4–4 中。

表 4–4 问题种类、产生原因及预防方法

问题种类	产生原因	预防方法

三、修改图样

按照绘图检测结果修改图样并保存。

四、打印图形

打印一张蜗轮减速箱体零件平面图形，上交技术主管进行审核。审核合格后，打印所需数量的图纸，上交技术主管，并认真填写任务记录单。

学习活动 5　工作总结与评价

学习目标

1. 能按分组情况派代表展示工作成果，讲述本次任务的完成情况并做分析总结。

2. 能结合自身任务完成情况，正确、规范地撰写工作总结（心得体会）。

3. 能就本次任务中出现的问题提出改进措施。

4. 能对学习与工作进行反思总结，并能与他人开展良好合作，进行有效的沟通。

建议学时：2 学时。

学习过程

一、个人评价

按表 4–5 中的评分标准进行个人评价。

表 4–5　　个人综合评价表

项目	序号	技术要求	配分	评分标准	得分
零件平面图形的分析（25%）	1	零件轮廓尺寸分析正确	5	错一处扣 1 分	
	2	定形尺寸与定位尺寸分析正确	5	错一处扣 1 分	
	3	基准尺寸分析正确	5	错一处扣 1 分	
	4	线型分析正确	5	错一处扣 1 分	
	5	尺寸标注及几何公差分析正确	5	错一处扣 1 分	
软件操作（25%）	6	基本绘图命令执行方法正确	10	错一处扣 1 分	
	7	软件基本操作正确	10	错一处扣 1 分	
	8	基本图形的绘制正确	5	错一处扣 1 分	

续表

项目	序号	技术要求	配分	评分标准	得分
绘图质量（40%）	9	图幅大小合适，布图方案合理	5	不合格，不得分	
	10	标题栏绘制正确，内容填写规范	5	错一处扣 1 分	
	11	绘图所用线型正确	5	错一处扣 1 分	
	12	零件轮廓清晰，无缺线	5	错一处扣 1 分	
	13	尺寸标注完整，无遗漏	5	错一处扣 1 分	
	14	几何公差标注合理，无错误	5	错一处扣 1 分	
	15	表面结构符号和基准符号标注正确	5	错一处扣 1 分	
	16	技术要求书写规范	5	错一处扣 2 分	
安全文明生产（10%）	17	操作安全	5	违反一处扣 2 分	
	18	机房清理	5	不合格不得分	
总得分					

二、小组评价

把打印好的蜗轮减速箱体零件平面图形先进行分组展示，再由小组推荐代表做必要的介绍。在展示的过程中，以小组为单位进行评价；评价完成后，根据其他小组成员对本组展示的成果进行评价，并将评价意见归纳总结。完成如下项目：

1．本小组展示的蜗轮减速箱体零件平面图形符合机械制图标准吗？

很好□　　一般□　　不准确□

2．本小组介绍成果表达是否清晰？

很好□　　一般，常补充□　　不清晰□

3．本小组演示的蜗轮减速箱体零件平面图形绘制方法正确吗？

正确□　　部分正确□　　不正确□

4．本小组演示操作时遵循“6S”工作要求吗？

符合工作要求□　　忽略了部分要求□　　完全没有遵循□

5．本小组所用的计算机、打印机保养完好吗？

良好□　　一般□　　不合要求□

6．本小组的成员团队创新精神如何？

良好□　　一般□　　不足□

三、教师评价

教师对展示的图样分别做评价。

1．找出各组的优点进行点评。

2．对展示过程中各组的缺点进行点评，提出改进方法。

3．对整个任务完成中出现的亮点和不足进行点评。

四、总结提升

1．回顾本次学习任务的工作过程，归纳整理所学知识和技能。

2．试结合自身任务完成情况，通过交流讨论等方式，较全面、规范地撰写本次任务的工作总结。

工作总结（心得体会）

评价与分析

学习任务四评价表

班级			姓名		学号				
项目	自我评价			小组评价			教师评价		
	10 ~ 9 分	8 ~ 6 分	5 ~ 1 分	10 ~ 9 分	8 ~ 6 分	5 ~ 1 分	10 ~ 9 分	8 ~ 6 分	5 ~ 1 分
	占总评 10%			占总评 30%			占总评 60%		
学习活动 1									
学习活动 2									
学习活动 3									
学习活动 4									
学习活动 5									
表达能力和分析能力									
协作精神									
纪律观念									
工作态度									
任务总体表现									
小计分									
总评分									

任课教师：　　　　年　　月　　日

任务拓展

发动机箱体零件平面图形的绘制

一、工作情境描述

企业设计部接到一项任务：根据提供的发动机箱体零件平面图形（图 4–20）绘制 CAD 图形，便于生产部门进行批量生产。技术主管将绘图任务分配给绘图员张强，让他应用计算机绘图软件进行绘制，并将零件图打印出来。

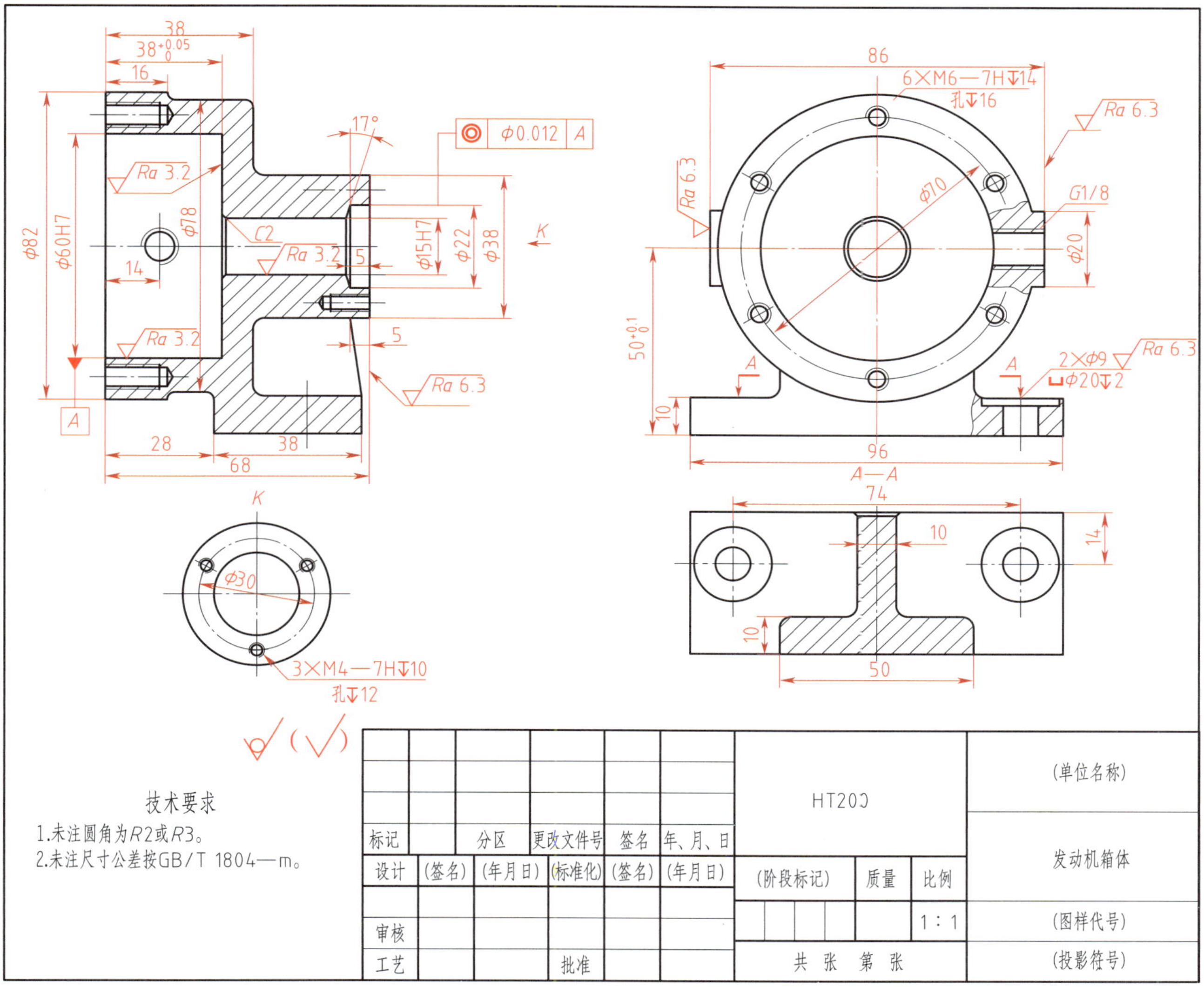

技术要求

1.未注圆角为$R2$或$R3$。

2.未注尺寸公差按GB/T 1804—m。

标记	分区	更改文件号	签名	年、月、日	HT200	(单位名称)
设计	(签名)	(年月日)	(标准化)	(签名)	(年月日) (阶段标记) 质量 比例	发动机箱体
审核					1 : 1	(图样代号)
工艺		批准			共　张　第　张	(投影符号)

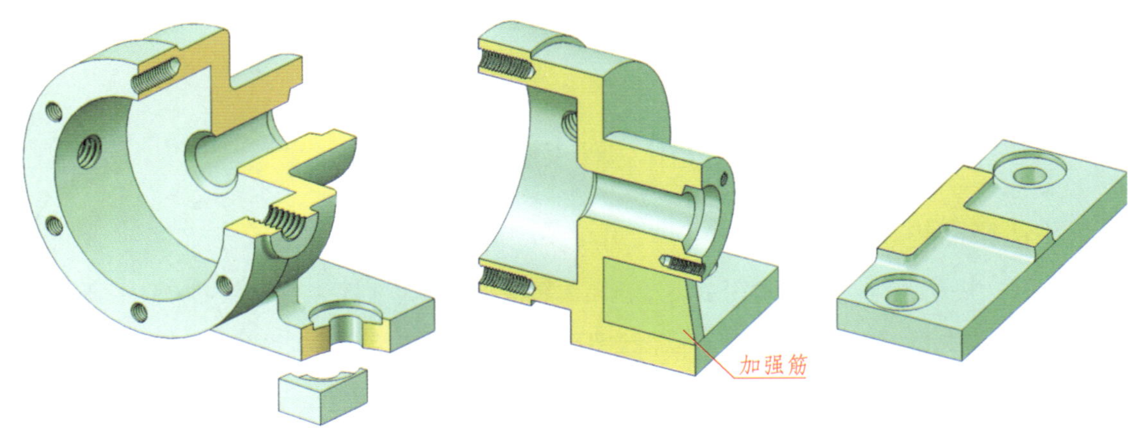

图 4-20 发动机箱体零件平面图形

二、评分标准

按表 4-6 所示项目和技术要求，对绘制的发动机箱体零件平面图形进行评分。

表 4-6 发动机箱体零件平面图形绘制评分标准

项目	序号	技术要求	配分	评分标准	得分
零件平面图形分析（25%）	1	零件轮廓尺寸分析正确	5	错一处扣 1 分	
	2	定形与定位尺寸分析正确	5	错一处扣 1 分	
	3	尺寸基准分析正确	5	错一处扣 1 分	
	4	线型分析正确	5	错一处扣 1 分	
	5	尺寸标注及几何公差分析正确	5	错一处扣 1 分	
软件操作（25%）	6	基本绘图命令执行方法正确	10	错一处扣 1 分	
	7	基本绘图命令操作正确	10	错一处扣 1 分	
	8	基本图形的绘制正确	5	错一处扣 1 分	
绘图质量（40%）	9	图幅大小合适，布图方案合理	5	不合格，不得分	
	10	标题栏绘制正确，内容填写规范	5	错一处扣 1 分	
	11	绘图所用线型正确	5	错一处扣 1 分	
	12	零件轮廓清晰，无缺线	5	错一处扣 1 分	
	13	尺寸标注完整，无遗漏	5	错一处扣 1 分	
	14	几何公差标注合理，无错误	5	错一处扣 1 分	
	15	表面结构符号和基准标注正确	5	错一处扣 1 分	
	16	技术要求书写规范	5	错一处扣 2 分	
安全文明生产（10%）	17	操作安全	5	违反一处扣 2 分	
	18	机房清理	5	不合格不得分	
总得分					

世赛知识

第一角画法与第三角画法

世界技能大赛使用的机械图样一般都是按照第三角画法绘制的。要看懂世赛图样，需要了解第一角画法与第三角画法的知识。

三个互相垂直的平面将空间分为八个分角，分别称为第Ⅰ分角、第Ⅱ分角、第Ⅲ分角……第Ⅷ分角，如图 4–21 所示。

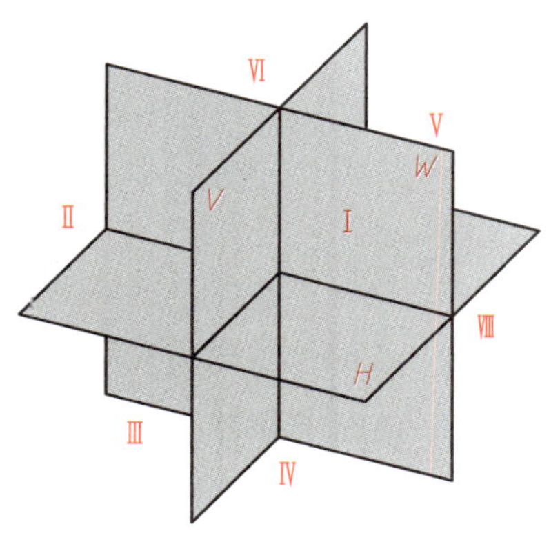

图 4–21　空间八分角

第一角画法也称第一角投影，是将物体置于第Ⅰ分角内，并使其处于观察者与投影面之间（即保持人→物→面的位置关系）而得到的正投影方法，各投影的配置如图 4–22 所示。第一角画法简称 E 法。我国一直沿用第一角画法，俄罗斯、英国、德国、法国等国家也都采用第一角画法。

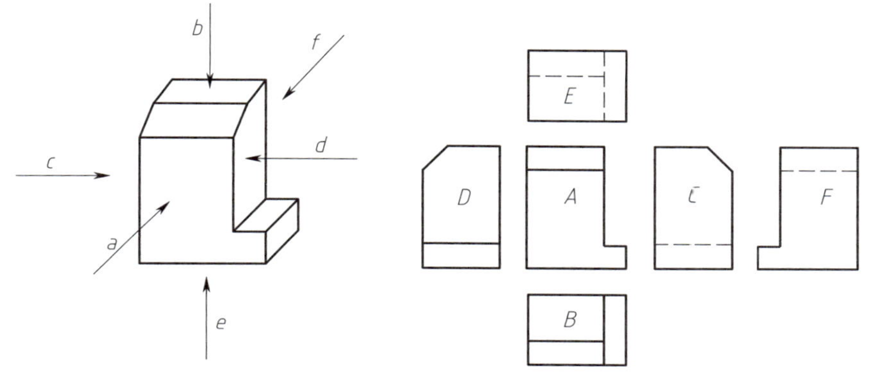

图 4–22　基本投影视图的配置（第一角画法）

第三角画法也称第三角投影，是将物体置于第Ⅲ分角内，并使投影面处于观察者与物体之间（即保持人→面→物的位置关系）而得到的正投影方法，各投影的配置如图 4–23 所示。第三角画法简称 A 法。美国、日本、加拿大和澳大利亚等国家采用第三角画法。

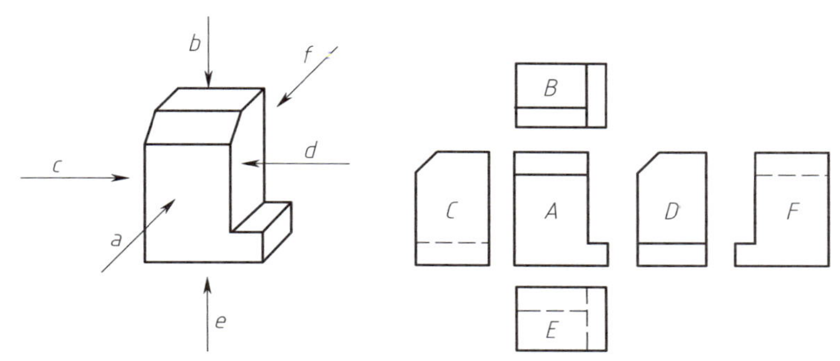

图 4–23　基本投影视图的配置（第三角画法）

学习任务五　机用虎钳装配图的绘制

学习目标

1. 通过识读机用虎钳轴测分解图和装配示意图，确定机用虎钳的组成和装配关系。
2. 通过识读机用虎钳各零件图，确定其结构形状和尺寸。
3. 能根据机用虎钳装配示意图和各组成零件的结构，确定机用虎钳装配图的绘制方法。
4. 能设置“多重引线”样式，并能应用“多重引线”命令绘制引出标注。
5. 能创建机用虎钳各零件图图块。
6. 能根据国家标准，绘制垫圈、圆柱销、螺钉等标准件零件图。
7. 能绘制机用虎钳装配图的图框、标题栏和明细栏。
8. 能正确应用“插入块”“分解”“修剪”“删除”等命令，绘制机用虎钳装配图。
9. 能标注机用虎钳装配图中的轮廓和配合尺寸。
10. 能正确应用“多重引线”命令，标注机用虎钳装配图中的零件序号。
11. 能正确应用“多行文字”命令，标注机用虎钳装配图中的技术要求。
12. 能完成“打印”对话框的设置，并打印出机用虎钳装配图。
13. 能根据打印图样，检测和判断绘图质量。
14. 能就本次任务中出现的问题提出改进措施。
15. 能对学习与工作进行反思总结，并能与他人开展良好合作，进行有效的沟通。
16. 能严格执行企业操作规程、企业质量体系管理制度、安全生产制度、环保管理制度、“6S”管理制度等企业管理规定。

12 学时。

工作情境描述

企业设计部接到一项任务：根据提供的机用虎钳轴测分解图和装配示意图（图 5–1），以及机用虎钳各组成零件图（图 5–2 至图 5–8）绘制机用虎钳装配图，便于生产部门进行批量生产。技术主管将绘图任务分配给绘图员张强，让他应用计算机绘图软件进行绘制，并将装配图打印出来。

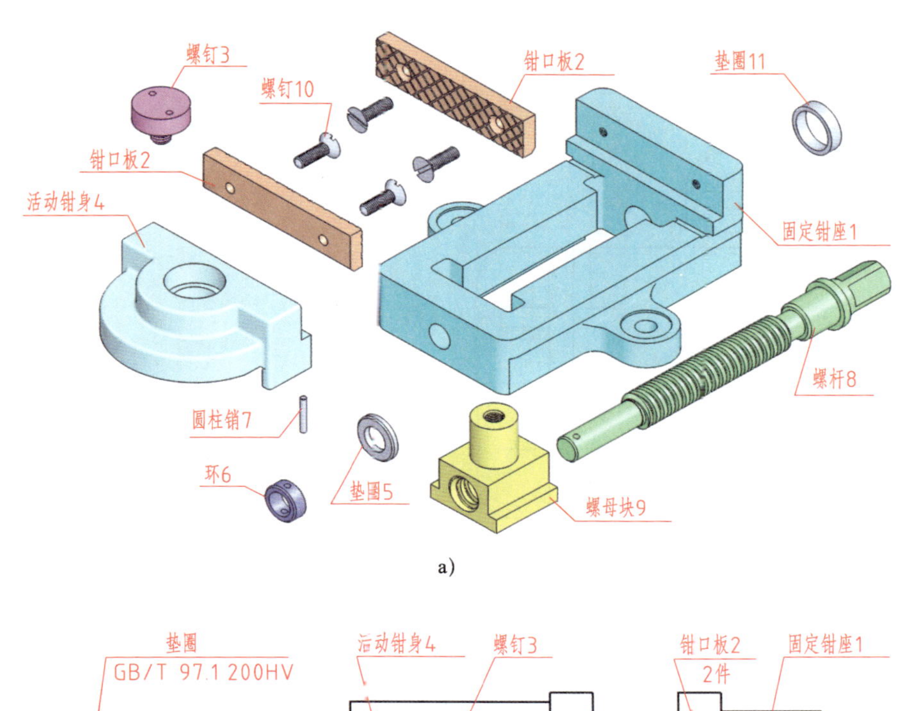

a)

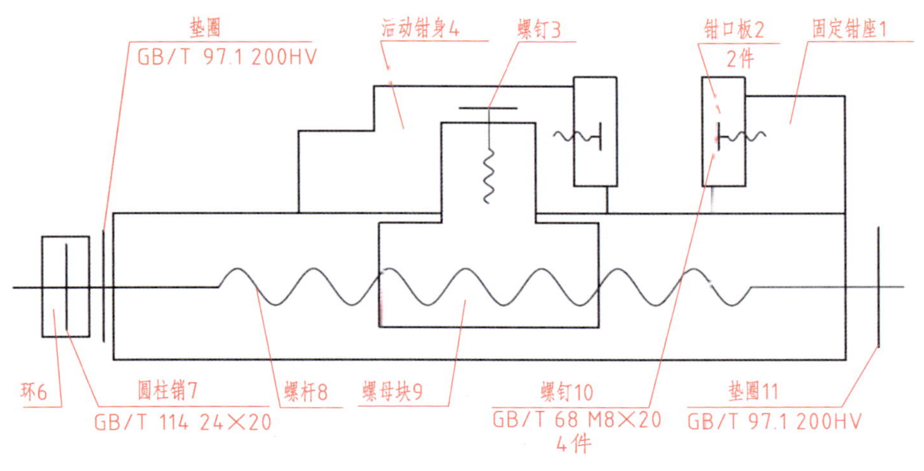

b)

图 5–1　机用虎钳轴测分解图和装配示意图

a）机用虎钳轴测分解图　b）机用虎钳装配示意图

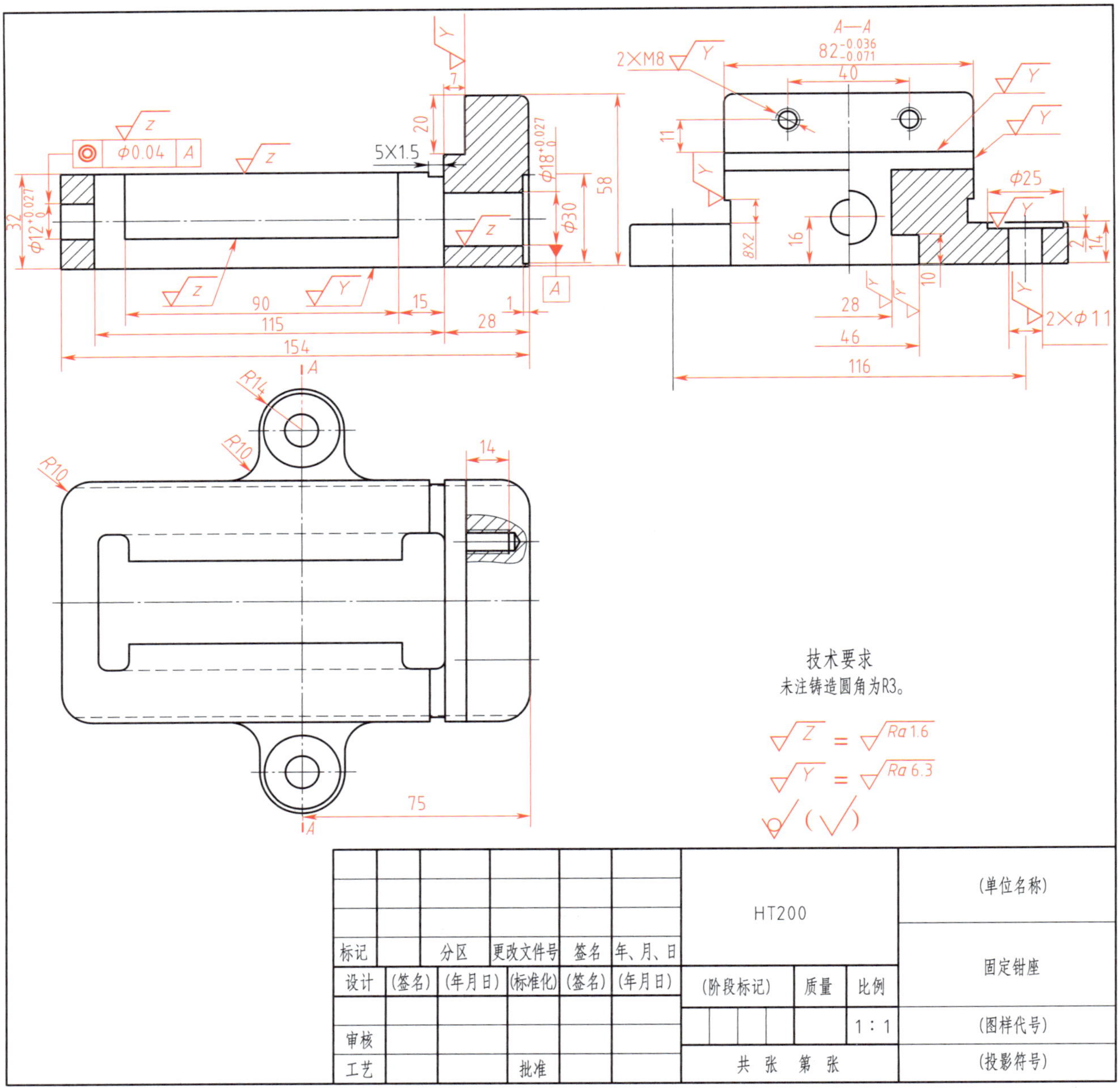

A—A

技术要求

未注铸造圆角为R3。

$\sqrt{Z} = \sqrt{Ra\ 1.6}$

$\sqrt{Y} = \sqrt{Ra\ 6.3}$

$\sqrt{}\ (\sqrt{})$

						HT200			(单位名称)
标记		分区	更改文件号	签名	年、月、日				固定钳座
设计	(签名)	(年月日)	(标准化)	(签名)	(年月日)	(阶段标记)	质量	比例	
								1∶1	(图样代号)
审核									
工艺			批准			共 张 第 张			(投影符号)

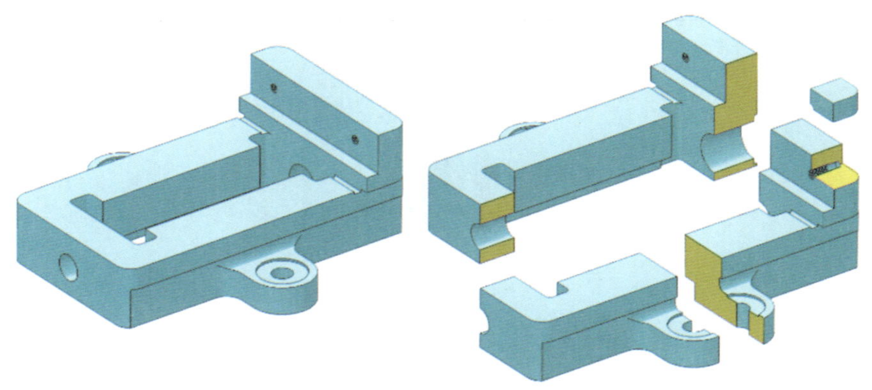

图 5-2 固定钳座零件图

销孔φ4
配作
C1
Ra 3.2
Ra 3.2
Ra 3.2
30°
φ16
φ26
8
4×φ12
105
32
22
26
174
205
2：1
4
2
Ra 1.6
Ra 6.3
14×14
45
(单位名称)
标记
分区
更改文件号
签名
年、月、日
螺杆
设计
(签名)
(年月日)
(标准化)
(签名)
(年月日)
(阶段标记)
质量
比例
1：1
(图样代号)
审核
工艺
批准
共　张　第　张
(投影符号)

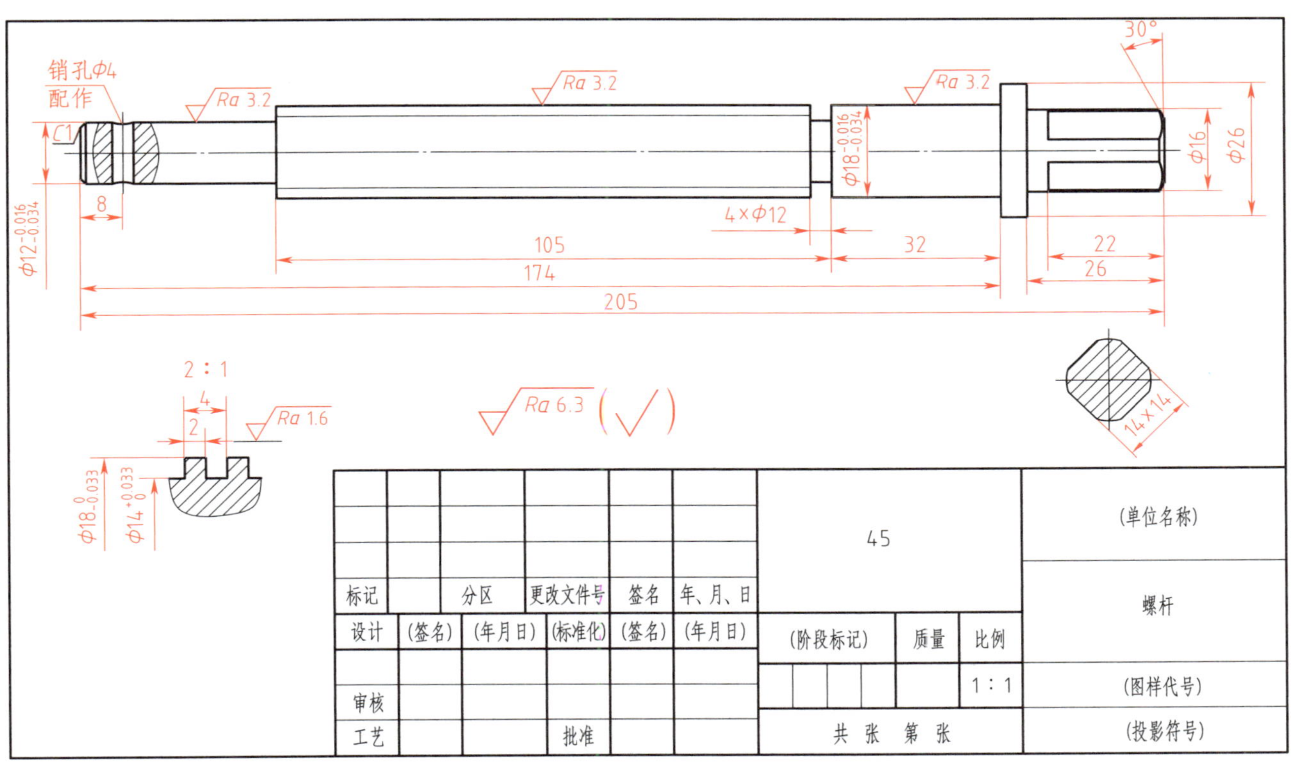

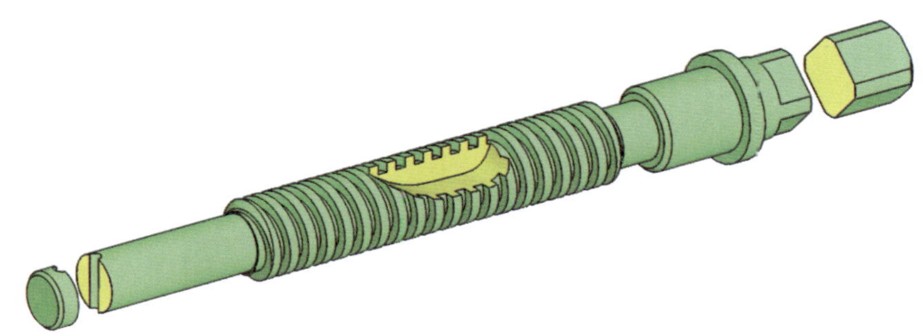

图 5-3　螺杆零件图

Φ28
8
28
18
22
36
Z
Y
A
Φ20+0.033 0
7
(65)
5
R40
R24
2×M8↧14
40
82+0.35 0
92
25
45°
4
技术要求
未注铸造圆角为R3。
Z = Ra 1.6
Y = Ra 6.3
HT200
(单位名称)
活动钳身
标记
分区
更改文件号
签名
年、月、日
设计
(签名)
(年月日)
(标准化)
(签名)
(年月日)
(阶段标记)
质量
比例
1 : 1
(图样代号)
审核
工艺
批准
共 张 第 张
(投影符号)

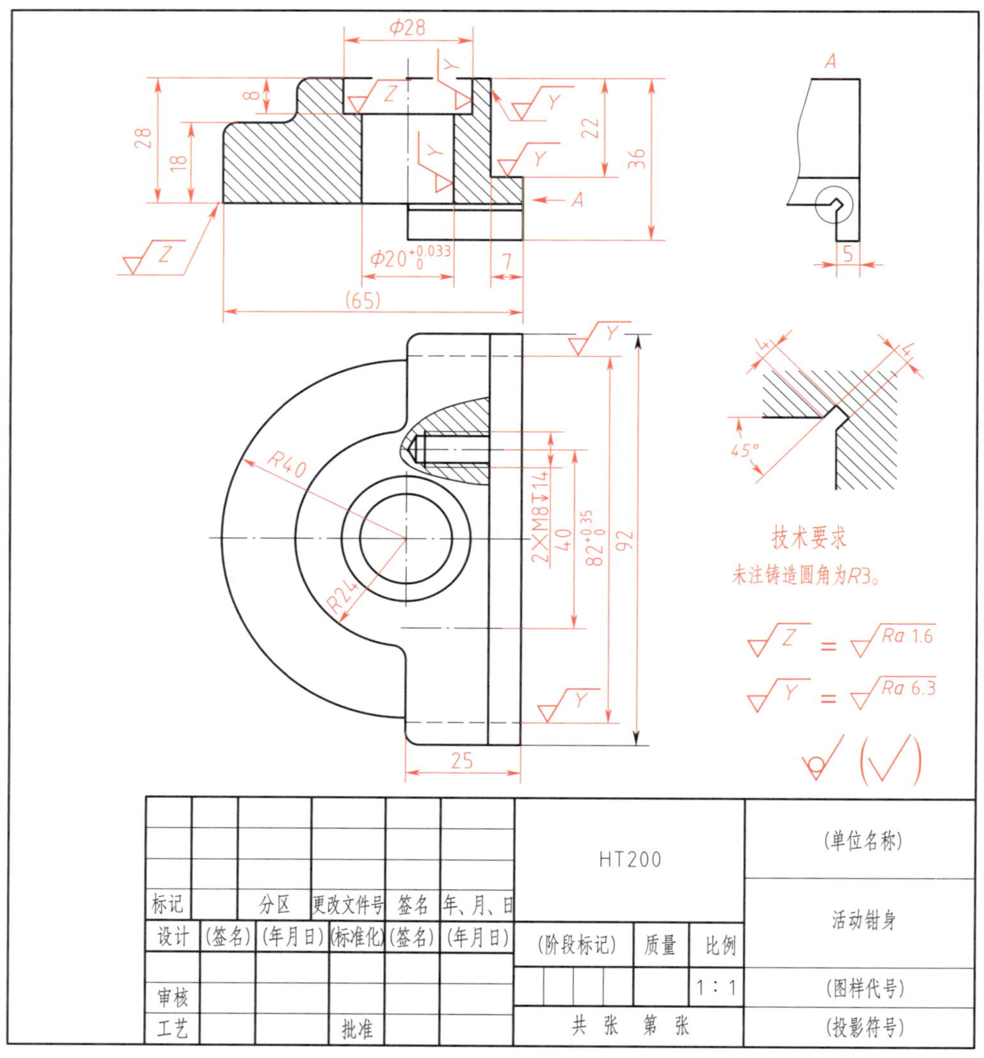

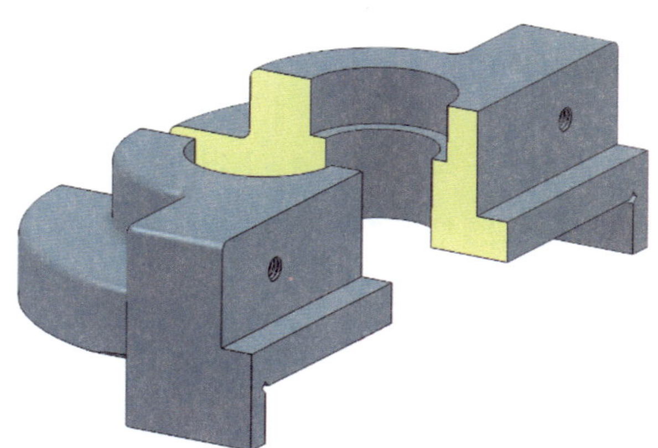

图 5-4 活动钳身零件图

M10×1
C2
18
46
14
46
Φ20 0 -0.021
16
8
5∶1
26
44
Φ18 +0.033 0
Φ14 -0.016 -0.034
2
4
Z = Ra 1.6
Ra 6.3 (√)
技术要求
未注倒角为C1。
Q235A
(单位名称)
螺母块
标记
分区
更改文件号
签名
年、月、日
设计
(签名)
(年月日)
(标准化)
(签名)
(年月日)
(阶段标记)
质量
比例
1∶1
(图样代号)
审核
工艺
批准
共　张　第　张
(投影符号)

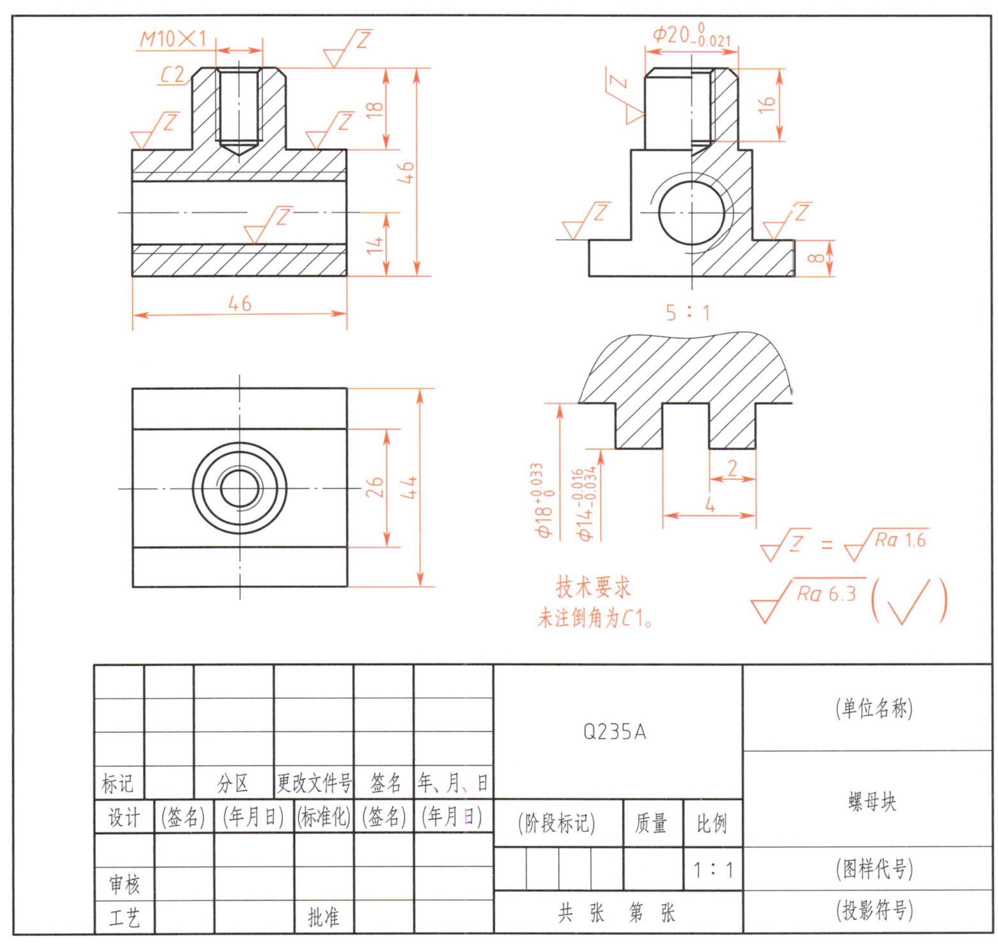

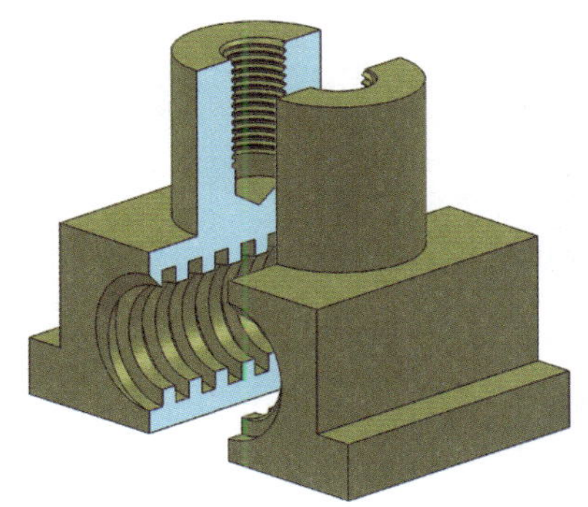

图 5-5　螺母块零件图

C1.5
A
45°
45°
A—A
22
11
B
φ9
φ17
90°
40
B
9
A
80
B—B
2:1
60°
2
4
技术要求
1. 倒钝锐角。
2. 淬火后硬度为40~45HRC。
Ra 6.3
标记
分区
更改文件号
签名
年、月、日
设计
(签名)
(年月日)
(标准化)
(签名)
(年月日)
审核
工艺
批准
45
(阶段标记)
质量
比例
1 : 1
共 张 第 张
(单位名称)
钳口板
(图样代号)
(投影符号)

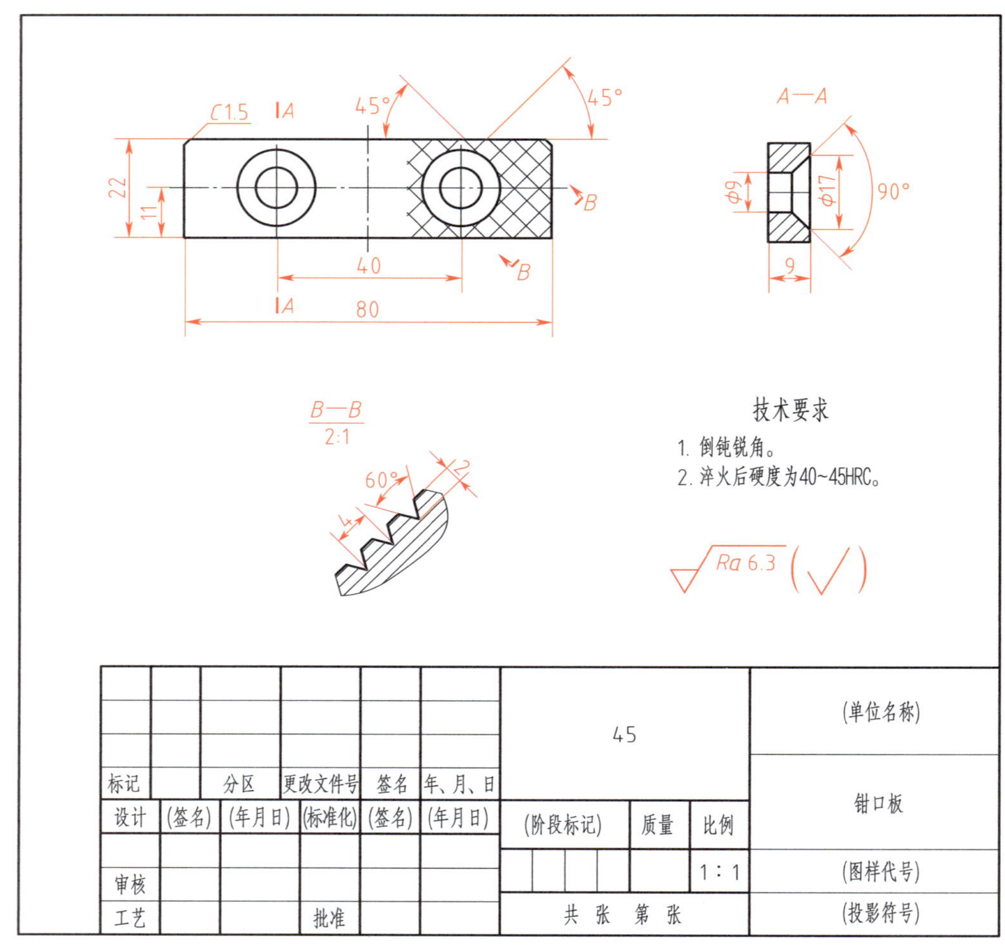

图 5-6　钳口板零件图

销孔Φ4
配作
C2
Φ24$^{+0.043}_{0}$
Φ22
10
Ra 6.3
Q235A
(单位名称)
环
标记
分区
更改文件号
签名
年、月、日
设计
(签名)
(年月日)
(标准化)
(签名)
(年月日)
(阶段标记)
质量
比例
1 : 1
(图样代号)
审核
工艺
批准
共 张 第 张
(投影符号)

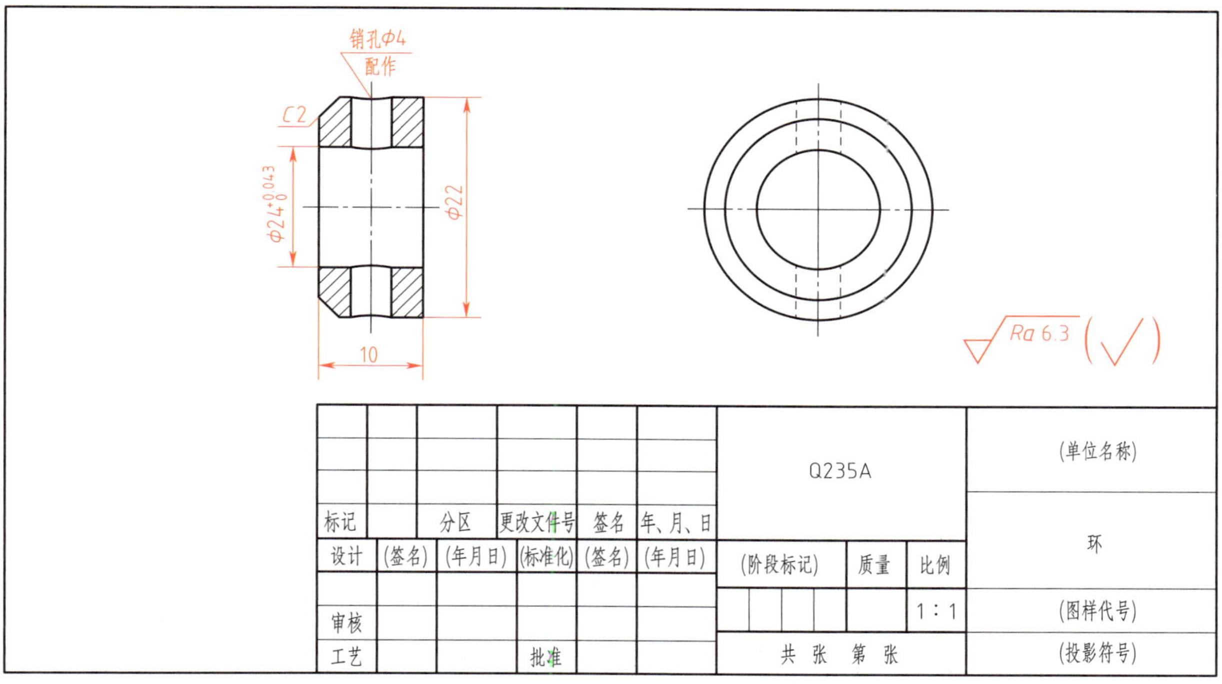

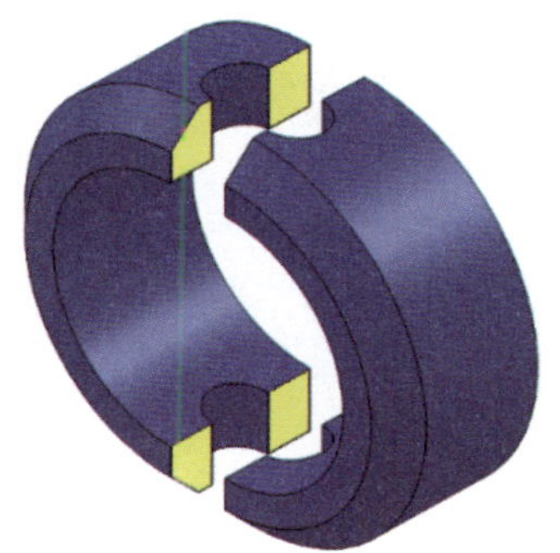

图 5-7　环零件图

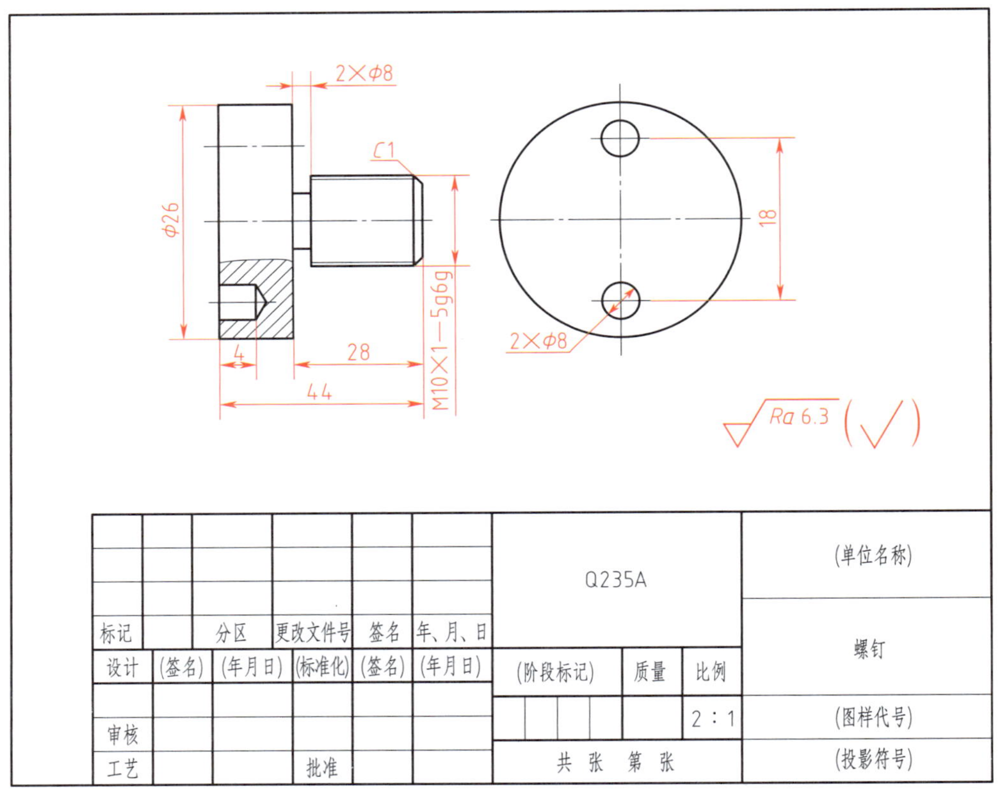

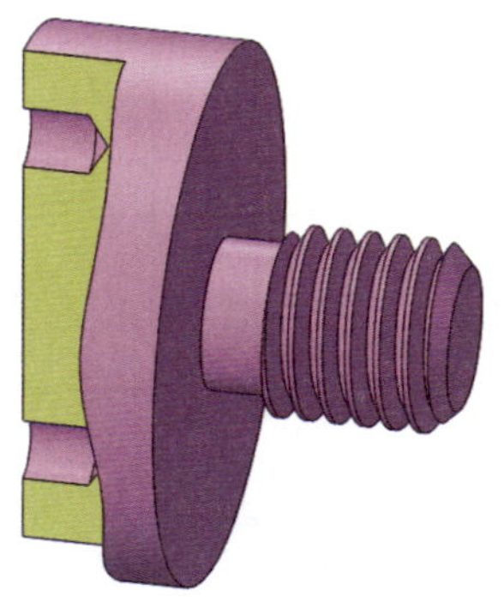

图 5-8　螺钉零件图

工作流程与活动

1. 机用虎钳装配图的分析（2 学时）
2. 绘图软件的基本操作（2 学时）
3. 机用虎钳装配图的绘制与打印（4 学时）
4. 绘图检测与质量分析（2 学时）
5. 工作总结与评价（2 学时）

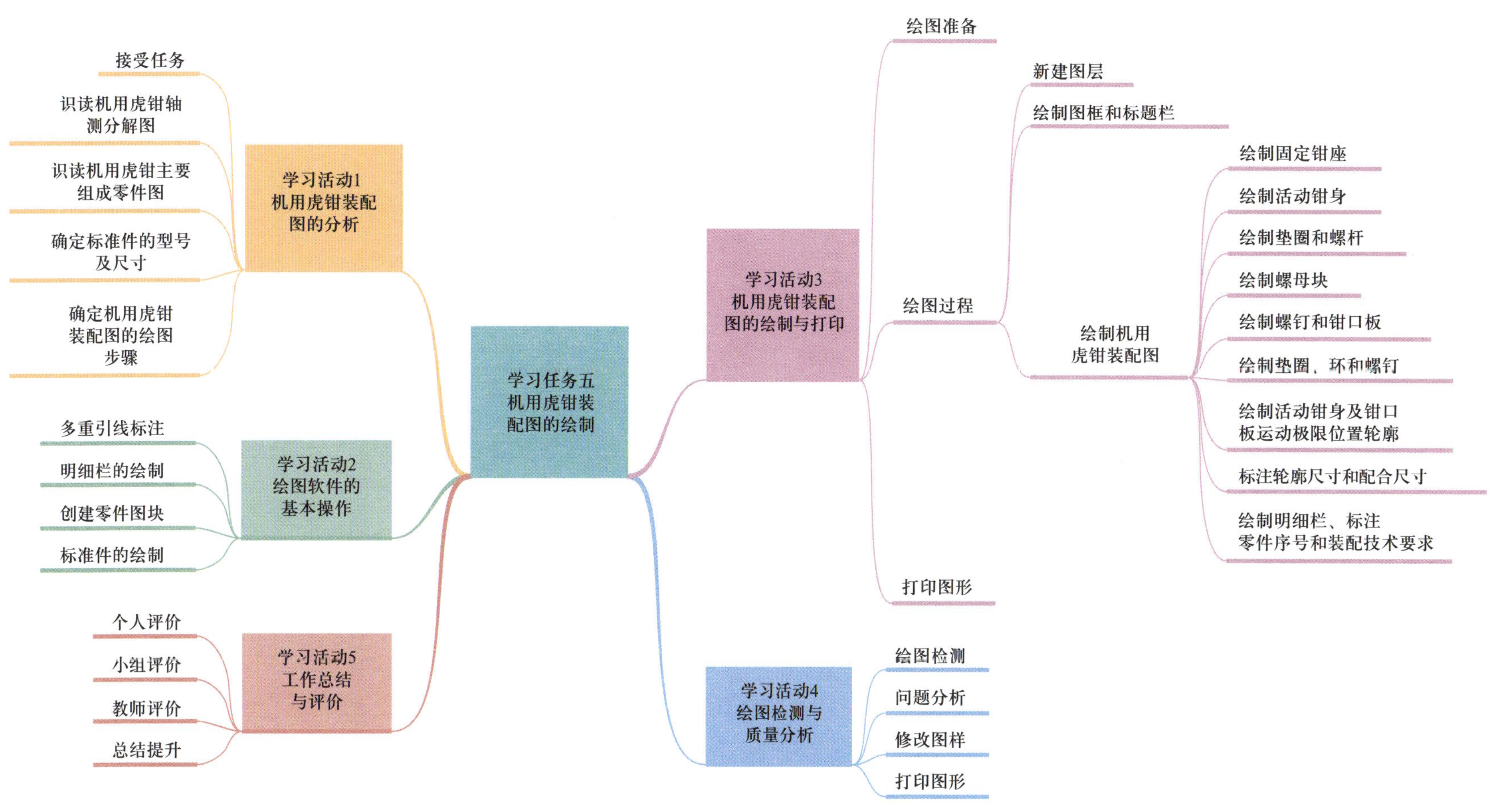
学习任务五
机用虎钳装
配图的绘制
学习活动1
机用虎钳装配
图的分析
接受任务
识读机用虎钳轴
测分解图
识读机用虎钳主要
组成零件图
确定标准件的型号
及尺寸
确定机用虎钳
装配图的绘图
步骤
学习活动2
绘图软件的
基本操作
多重引线标注
明细栏的绘制
创建零件图块
标准件的绘制
学习活动5
工作总结
与评价
个人评价
小组评价
教师评价
总结提升
学习活动3
机用虎钳装配
图的绘制与打印
绘图准备
绘图过程
新建图层
绘制图框和标题栏
绘制机用
虎钳装配图
绘制固定钳座
绘制活动钳身
绘制垫圈和螺杆
绘制螺母块
绘制螺钉和钳口板
绘制垫圈、环和螺钉
绘制活动钳身及钳口
板运动极限位置轮廓
标注轮廓尺寸和配合尺寸
绘制明细栏、标注
零件序号和装配技术要求
打印图形
学习活动4
绘图检测与
质量分析
绘图检测
问题分析
修改图样
打印图形

学习活动1　机用虎钳装配图的分析

学习目标

1. 通过识读机用虎钳轴测分解图和装配示意图，明确机用虎钳的组成和装配关系。

2. 通过识读固定钳座零件图，明确固定钳座的结构形状和尺寸，确定其零件图的绘制步骤。

3. 通过识读活动钳身零件图，明确活动钳身的结构形状和尺寸，确定其零件图的绘制步骤。

4. 通过识读螺杆零件图，明确螺杆的结构形状和尺寸，确定其零件图的绘制步骤。

5. 通过识读螺母块零件图，明确螺母块的结构形状和尺寸，确定其零件图的绘制步骤。

6. 通过识读钳口板零件图，明确钳口板的结构形状和尺寸，确定其零件图的绘制步骤。

7. 通过查阅国家标准，能绘制标准件零件图。

8. 能根据装配示意图和各组成零件的结构，确定机用虎钳装配图的绘制方法。

9. 能与生产技术人员、生产主管等相关人员沟通，了解绘制机用虎钳装配图所用到的 CAD 指令。

建议学时：2 学时。

学习过程

一、接受任务

听技术主管描述本次绘图任务，正确填写任务记录单（表 5–1）。

表 5-1　　任务记录单

部门名称				出图数量	
任务名称				预交付时间	年　月　日
下单人		年　月　日	接单人		年　月　日
制图		年　月　日	审核		年　月　日
批准		年　月　日	交付人		年　月　日

二、识读机用虎钳轴测分解图

1．机用虎钳是由哪些零件组成的？其中哪个零件为装配基准件？

2．简述机用虎钳主要零件的装配关系和连接方式。

3．简述机用虎钳的工作原理。

4．简述机用虎钳的装配顺序。

三、识读机用虎钳主要组成零件图

1．识读固定钳座零件图

（1）固定钳座是由什么材料制成的？其总体尺寸是多少？

（2）该零件图采用哪些视图表达固定钳座的结构？

（3）简述固定钳座的结构形状。

（4）简述绘制固定钳座零件图的步骤。

2．识读螺杆零件图

（1）螺杆是由什么材料制成的？其轮廓尺寸是多少？

（2）该零件图采用哪些视图表达螺杆的结构？

（3）简述螺杆的结构形状。

（4）简述绘制螺杆零件图的步骤。

3．识读活动钳身零件图

（1）活动钳身是由什么材料制成的？其轮廓尺寸是多少？

（2）该零件图采用哪些视图表达活动钳身的结构?

（3）简述活动钳身的结构形状。

（4）简述绘制活动钳身零件图的步骤。

4．识读螺母块零件图

（1）螺母块是由什么材料制成的？其轮廓尺寸是多少?

（2）该零件图采用哪些视图表达螺母块的结构?

（3）简述螺母块的结构形状。

（4）简述绘制活动钳身零件图的步骤。

5．识读钳口板零件图

（1）钳口板是由什么材料制成的？其轮廓尺寸是多少?

（2）该零件图采用哪些视图表达钳口板的结构?

（3）简述钳口板的结构形状。

（4）简述绘制钳口板零件图的步骤。

四、确定标准件的型号及尺寸

1．查阅国家标准《平垫圈　倒角型　A 级》（GB/T 97.2—2002），确定垫圈 5 的型号及尺寸。

2．查阅国家标准《圆柱销　不淬硬钢和奥氏体不锈钢》（GB/T 119.1—2000），确定圆柱销 7 的型号及尺寸。

3．查阅国家标准《开槽沉头螺钉》（GB/T 68—2016），确定螺钉 10 的型号及尺寸。

4．查阅国家标准《平垫圈　A 级》（GB/T 97.1—2002），确定垫圈 11 的型号及尺寸。

五、确定机用虎钳装配图的绘图步骤

1．装配图的作用是什么?

2．拟定装配图表达方案应考虑哪些问题?

3．简述绘制装配图的步骤。

4．简述绘制机用虎钳装配图的步骤。

5．除了在装配图上绘制标题栏外，还要绘制明细栏。查阅国家标准《技术制图　明细栏》(GB/T 10609.2—2009)，确定明细栏的绘制格式及尺寸。

6．装配图中应标注哪些尺寸?

学习活动 2　绘图软件的基本操作

学习目标

1. 能设置“多重引线”样式。

2. 能利用“多重引线”命令绘制引出标注。

3. 能根据国家标准规定的格式和尺寸，绘制装配图标题栏和明细栏。

4. 能创建机用虎钳各零件图图块。

5. 能根据国家标准规定的形状和尺寸，绘制垫圈、圆柱销、螺钉等标准件零件图。

6. 能按机房操作规程和“6S”管理要求，正确使用、维护和保养计算机、打印机等设备。

建议学时：2 学时。

学习过程

一、多重引线标注

引线标注是机械图样上经常采用的标注形式，图 5–9 所示的中心孔就采用了引线标注。多重引线样式可以控制引线的外观。

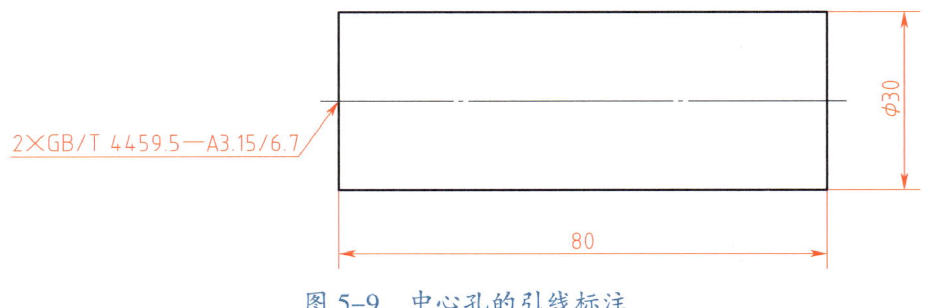

图 5–9　中心孔的引线标注

1．如何打开“多重引线样式管理器”？

2．多重引线样式可以指定哪些引线标注格式?

3．多重引线对象包含哪些内容?

4．执行“多重引线”命令的方法有哪些?

5．利用“多重引线”命令标注如图 5–10 所示机用虎钳装配示意图中的引出标注。

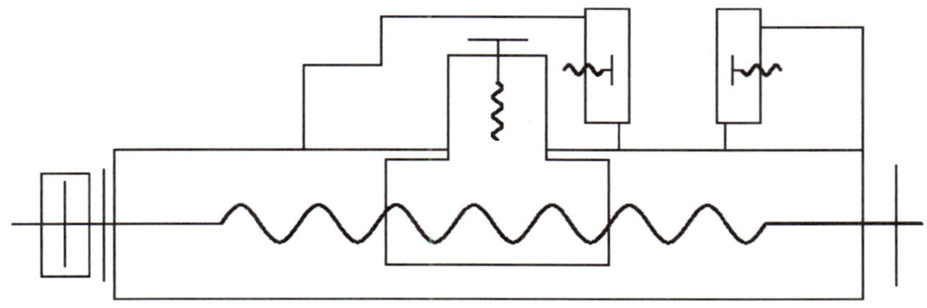

图 5–10　机用虎钳装配示意图

二、明细栏的绘制

国家标准《技术制图　明细栏》(GB/T 10609.2—2009) 中对装配图明细栏的格式及尺寸有严格的规定。

1．利用 CAD 绘图软件绘制如图 5–11 所示明细栏格式（一）。

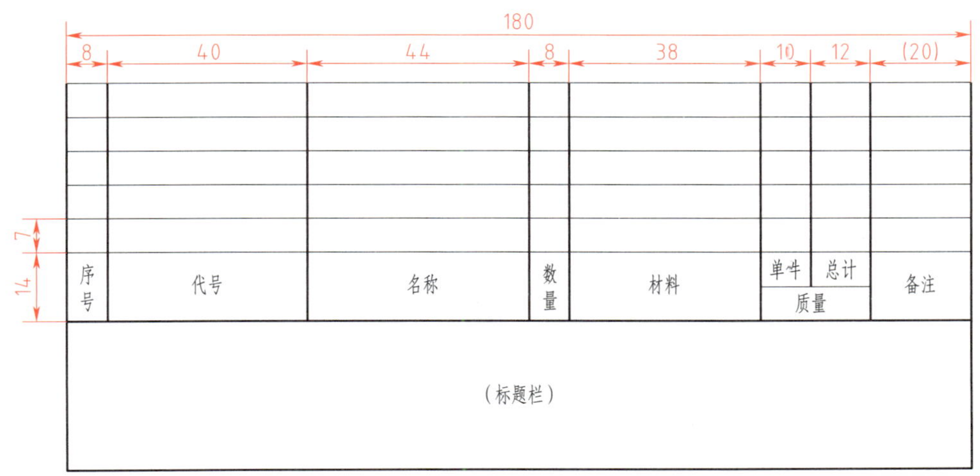

图 5–11　明细栏格式（一）

2．利用 CAD 绘图软件绘制如图 5–12 所示明细栏格式（二）。

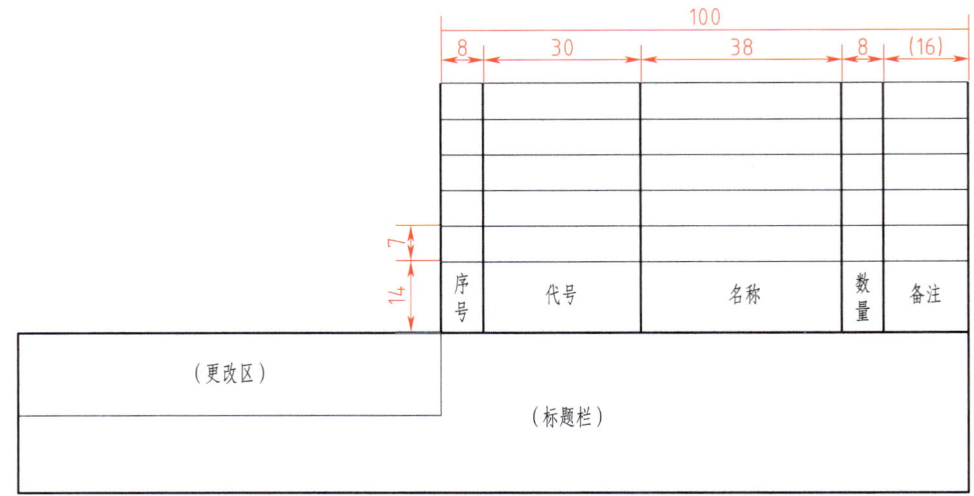

图 5–12　明细栏格式（二）

三、创建零件图块

1．根据图 5–2 所示尺寸，绘制如图 5–13 所示固定钳座图形（不标注尺寸），并将其创建为图块。

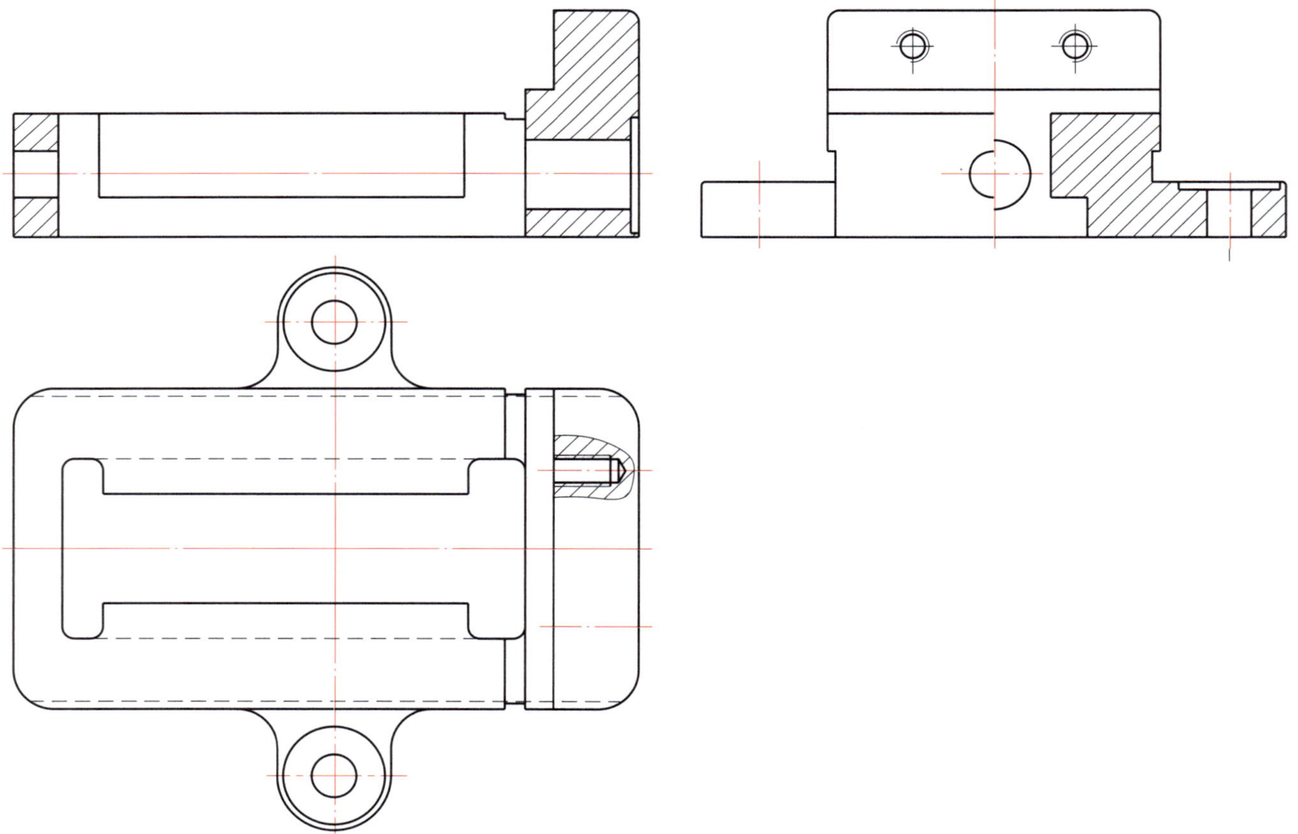

图 5–13　固定钳座

2．根据图 5-3 所示尺寸，绘制如图 5-14 所示螺杆图形（不标注尺寸），并将其创建为图块。对于零件图中细微的部分，在装配图中可以采用简化画法，如图 5-14 所示螺杆的右端采用了简化画法。

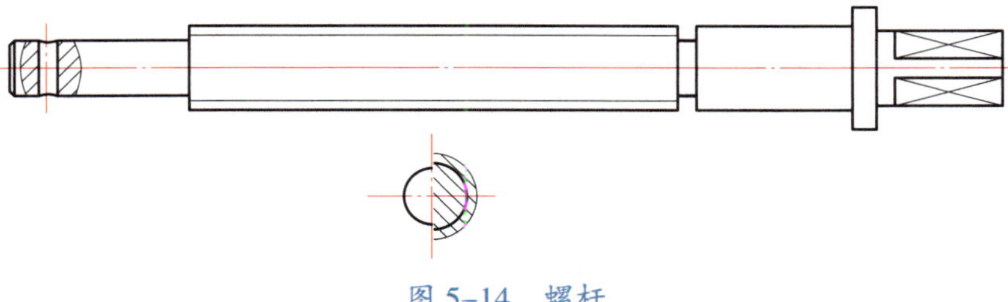

图 5-14　螺杆

3．根据图 5-4 所示尺寸，绘制如图 5-15 所示活动钳身图形（不标注尺寸），并将其创建为图块。

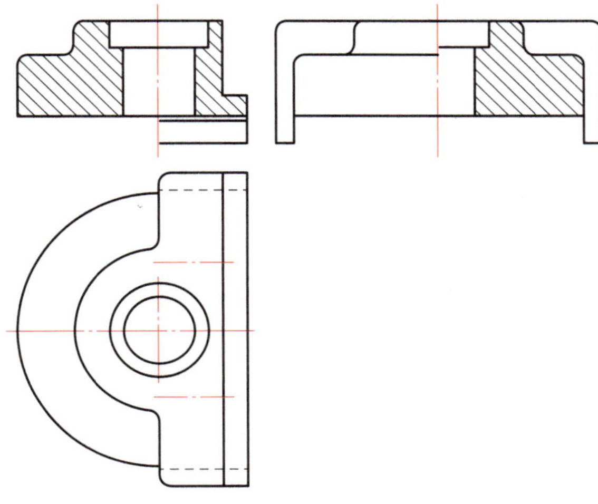

图 5-15　活动钳身

4．根据图 5-5 所示尺寸，绘制如图 5-16 所示螺母块图形（不标注尺寸），并将其创建为图块。

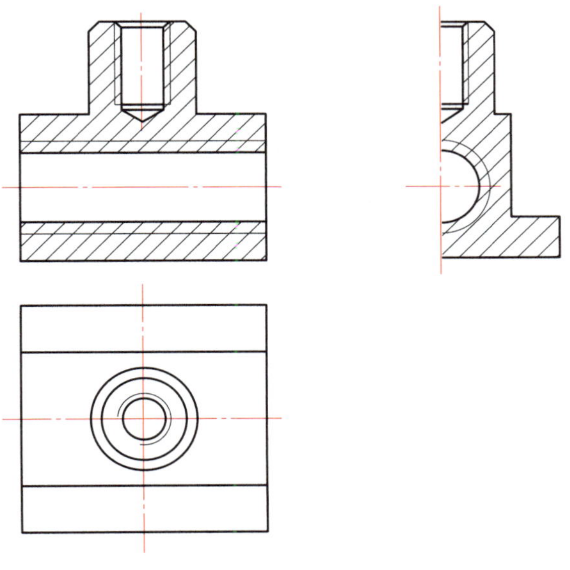

图 5-16　螺母块

5．根据图 5–6 所示尺寸，绘制如图 5–17 所示钳口板图形（不标注尺寸），并将其创建为图块。

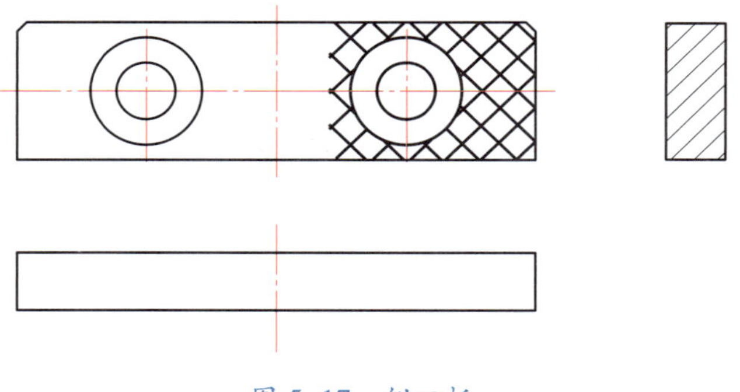

图 5–17　钳口板

6．根据图 5–7 所示尺寸，绘制如图 5–18 所示环图形（不标注尺寸），并将其创建为图块。

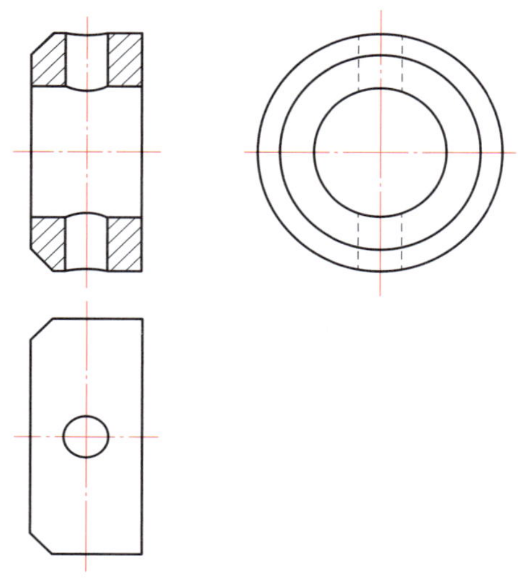

图 5–18　环

7．根据图 5–8 所示尺寸，绘制如图 5–19 所示螺钉图形（不标注尺寸），并将其创建为图块。

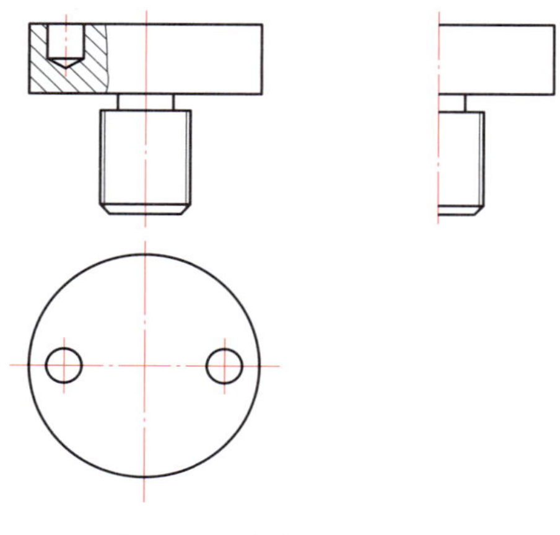

图 5–19　螺钉

四、标准件的绘制

1．根据国家标准《平垫圈　倒角型　A 级》（GB/T 97.2—2002），绘制垫圈 5 零件图。

2．根据国家标准《圆柱销　不淬硬钢和奥氏体不锈钢》（GB/T 119.1—2000），绘制圆柱销 7 零件图。

3．根据国家标准《开槽沉头螺钉》（GB/T 68—2016），绘制螺钉 10 零件图。

4．根据国家标准《平垫圈　A 级》（GB/T 97.1—2002），绘制垫圈 11 零件图。

学习活动 3　机用虎钳装配图的绘制与打印

学习目标

1. 能绘制机用虎钳装配图的图框和标题栏。

2. 能根据机用虎钳装配图所用线型新建图层。

3. 能正确应用“插入块”“分解”“修剪”“删除”等命令绘制机用虎钳装配图。

4. 能标注机用虎钳装配图中的轮廓和配合尺寸。

5. 能绘制机用虎钳装配图中的明细栏。

6. 能正确应用“多重引线”命令，标注机用虎钳装配图中的零件序号。

7. 能正确应用“多行文字”命令标注技术要求。

8. 能完成“打印”对话框的设置，并能打印机用虎钳装配图。

建议学时：4 学时。

学习过程

一、绘图准备

工具：CAD 绘图软件。

材料：机用虎钳轴测分解图、装配示意图及各组成零件图。

设备：计算机、打印机。

资料：工作任务书、计算机安全操作规程。

二、绘图过程

1．新建图层

启动 CAD 绘图软件，根据表 5-2 要求，新建五个图层。

表 5-2　　图层参数要求

图层名称	颜色	线型	线宽
粗实线	黑色（或白色）	CONTINUOUS	0.5 mm
细实线	黑色（或白色）	CONTINUOUS	0.25 mm
细点画线	黑色（或白色）	CENTER	0.25 mm
细双点画线	黑色（或白色）	PHANTOM2	0.25 mm
虚线	黑色（或白色）	DASHED2	0.25 mm

2．绘制图框和标题栏

根据机用虎钳主要零件图的轮廓尺寸及绘图比例，绘制图框和标题栏。标题栏根据国家标准《技术制图　标题栏》（GB/T 10609.1—2008）的规定绘制。

3．绘制机用虎钳装配图

（1）绘制固定钳座

利用“插入块”命令，将固定钳座图块插入到图框中，如图 5-20 所示，并利用“分解”命令将图块分解。

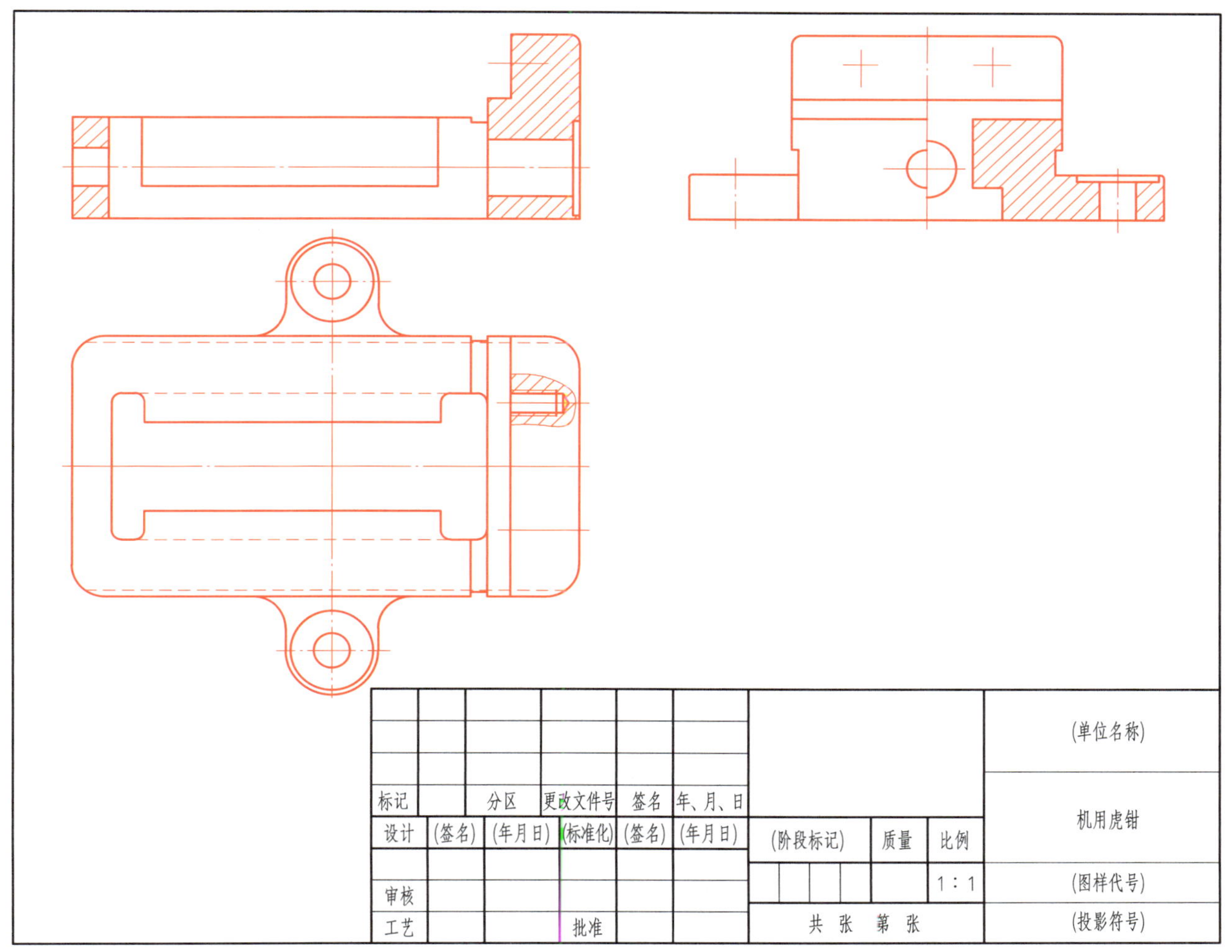

图 5-20　绘制固定钳座

（2）绘制活动钳身

将活动钳身图块插入到固定钳座上，如图 5–21a 所示，将图块分解，并根据投影原理修改图形，如图 5–21b 所示。

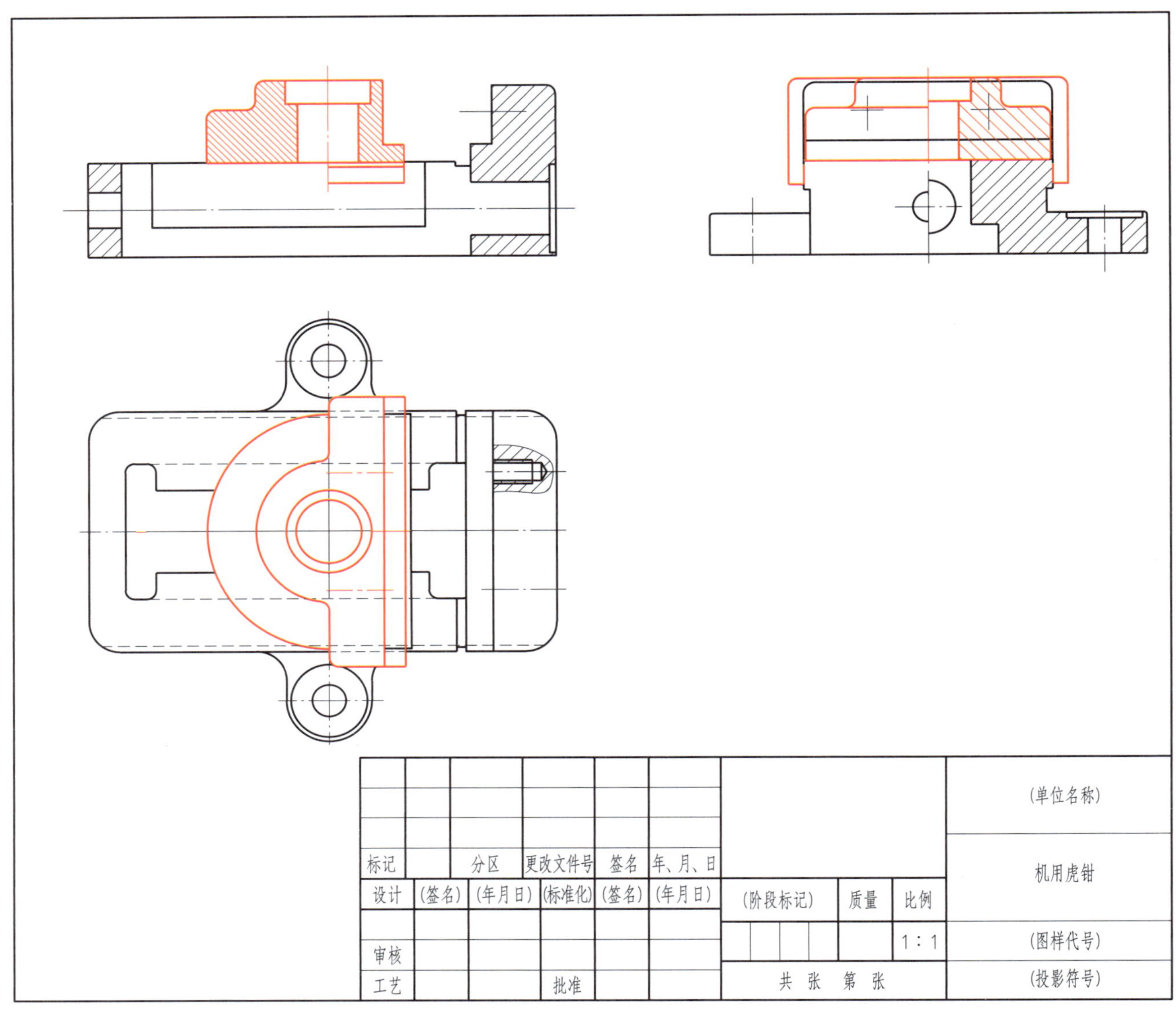

a)

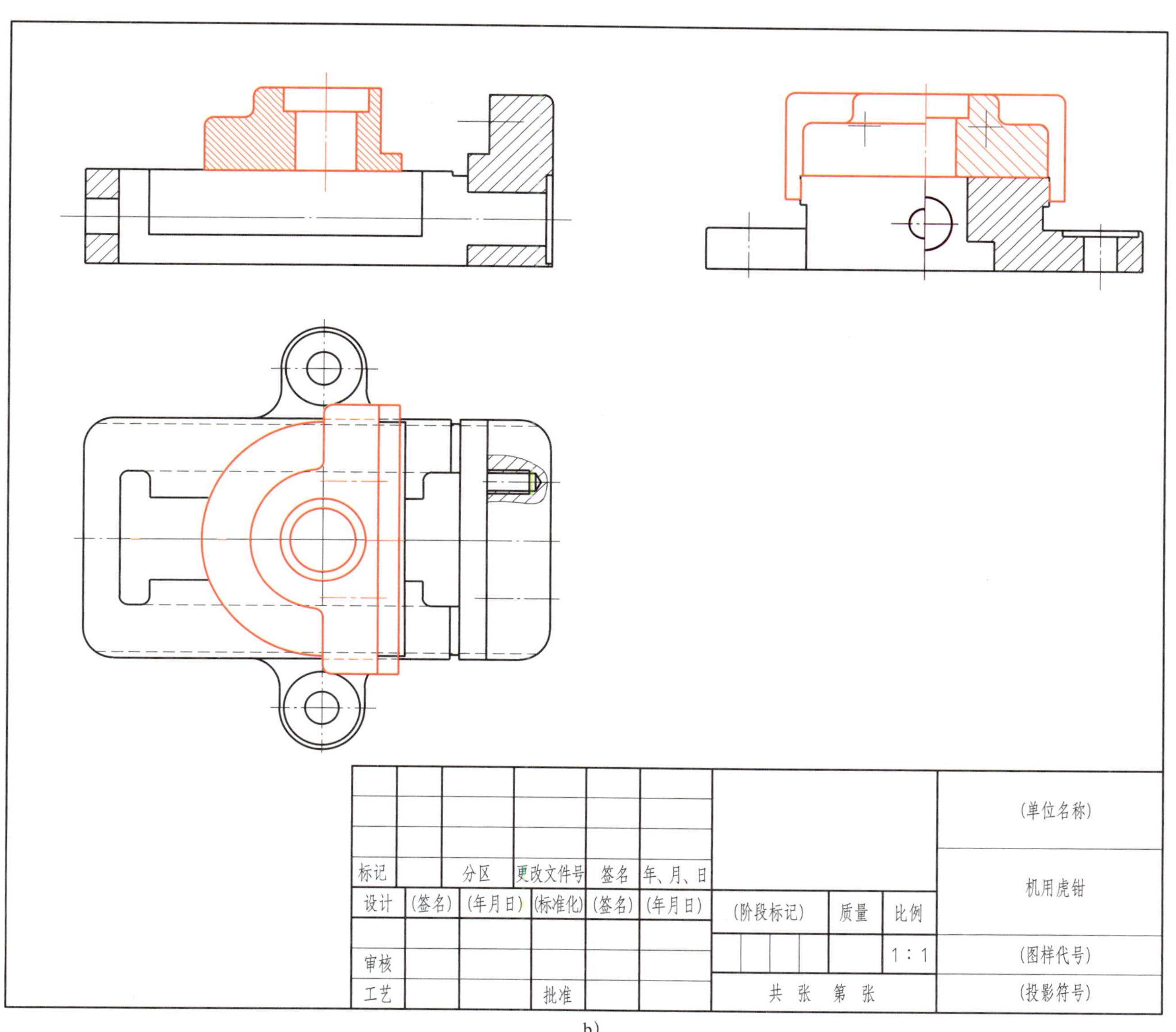

b)

图 5–21　绘制活动钳身

a）插入活动钳身图块　b）修改图形

（3）绘制垫圈和螺杆

先绘制垫圈，然后将螺杆图块插入到图形中，如图 5-22a 所示，将图块分解，并根据投影原理修改图形，如图 5-22b 所示。

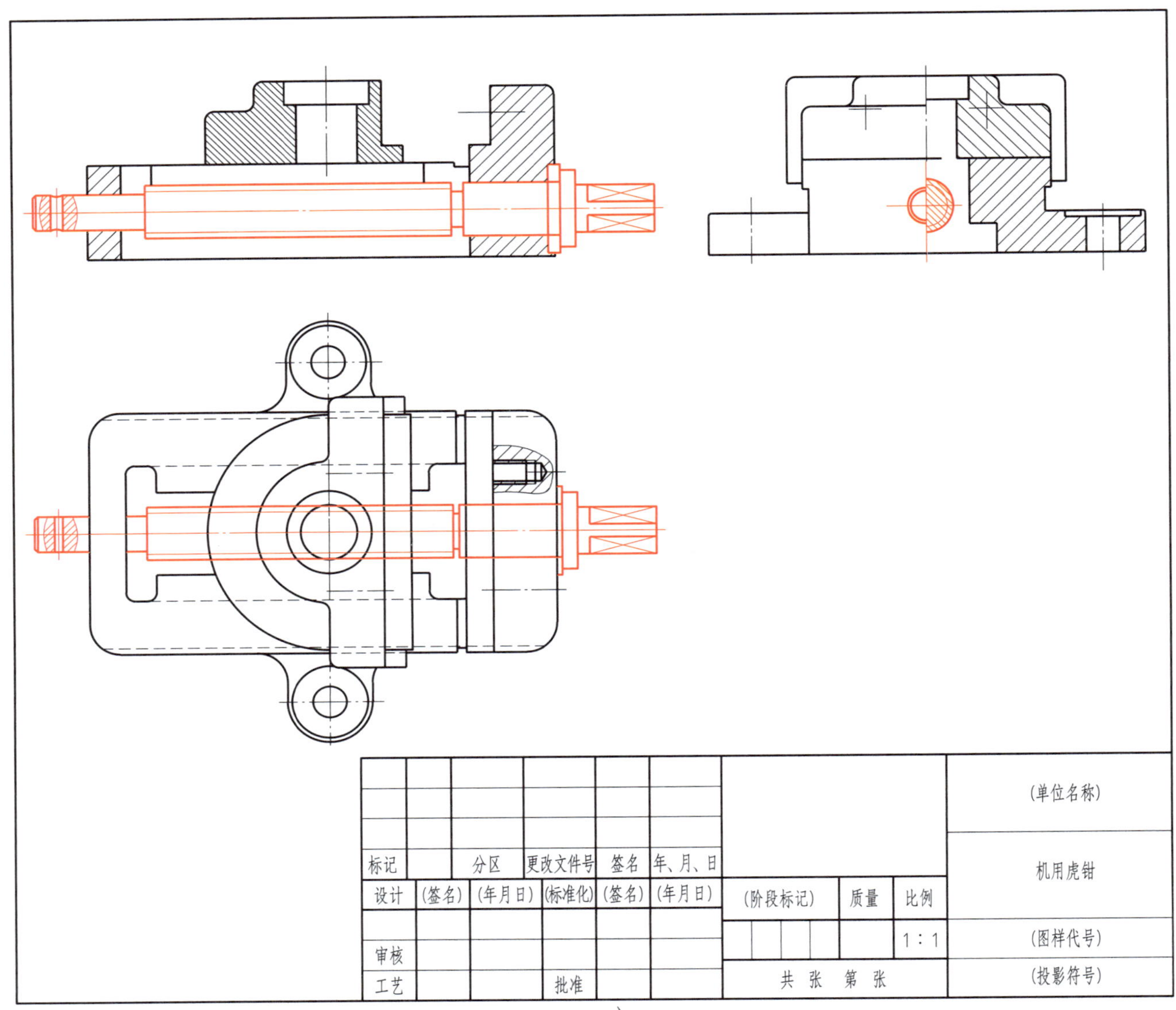

a)

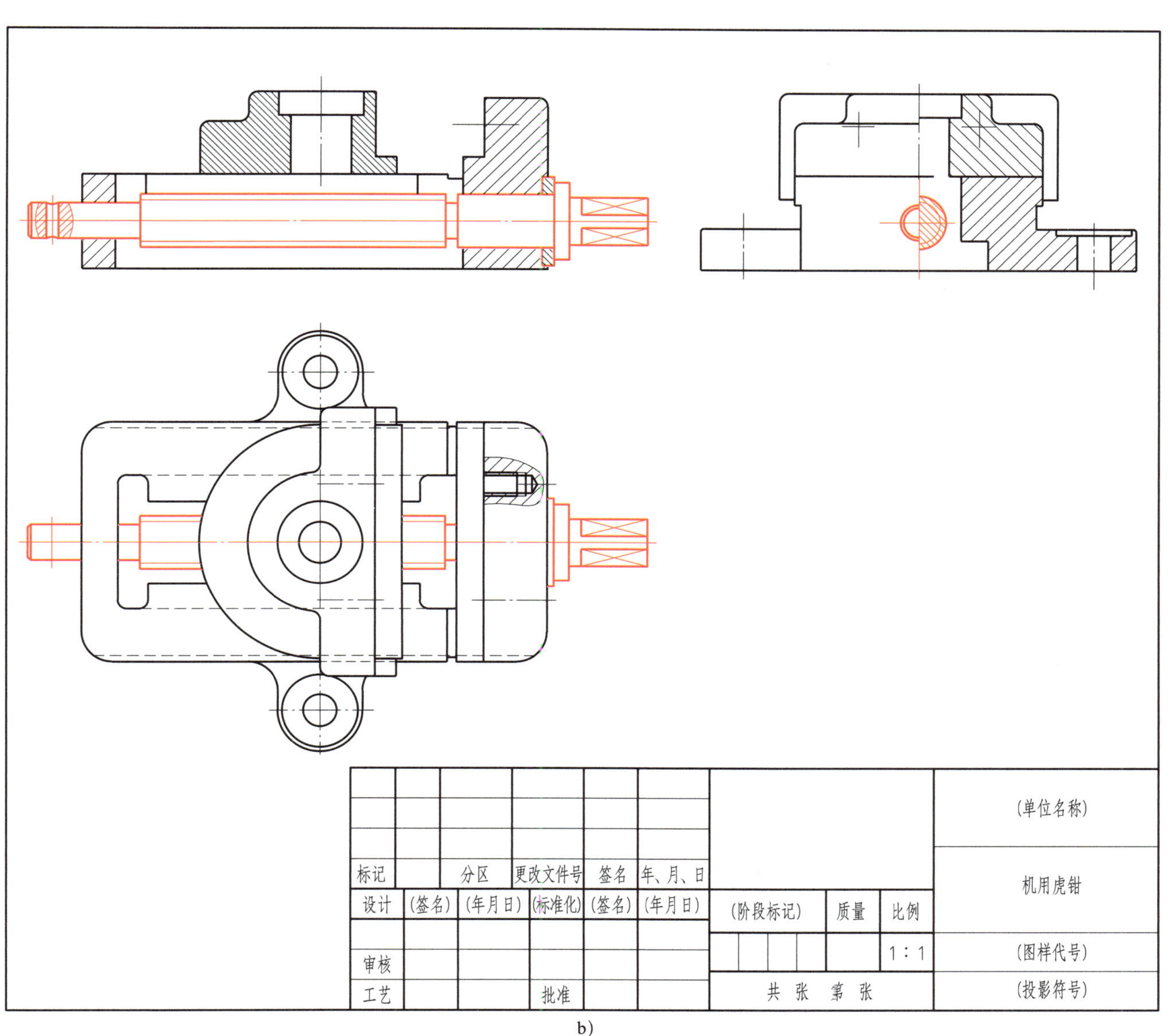

b)

图 5-22　绘制垫圈和螺杆

a）插入螺杆图块　b）修改图形

（4）绘制螺母块

将螺母块图块（不包含俯视图）插入到图形中，如图 5-23a 所示，将图块分解，并根据投影原理修改图形，如图 5-23b 所示。

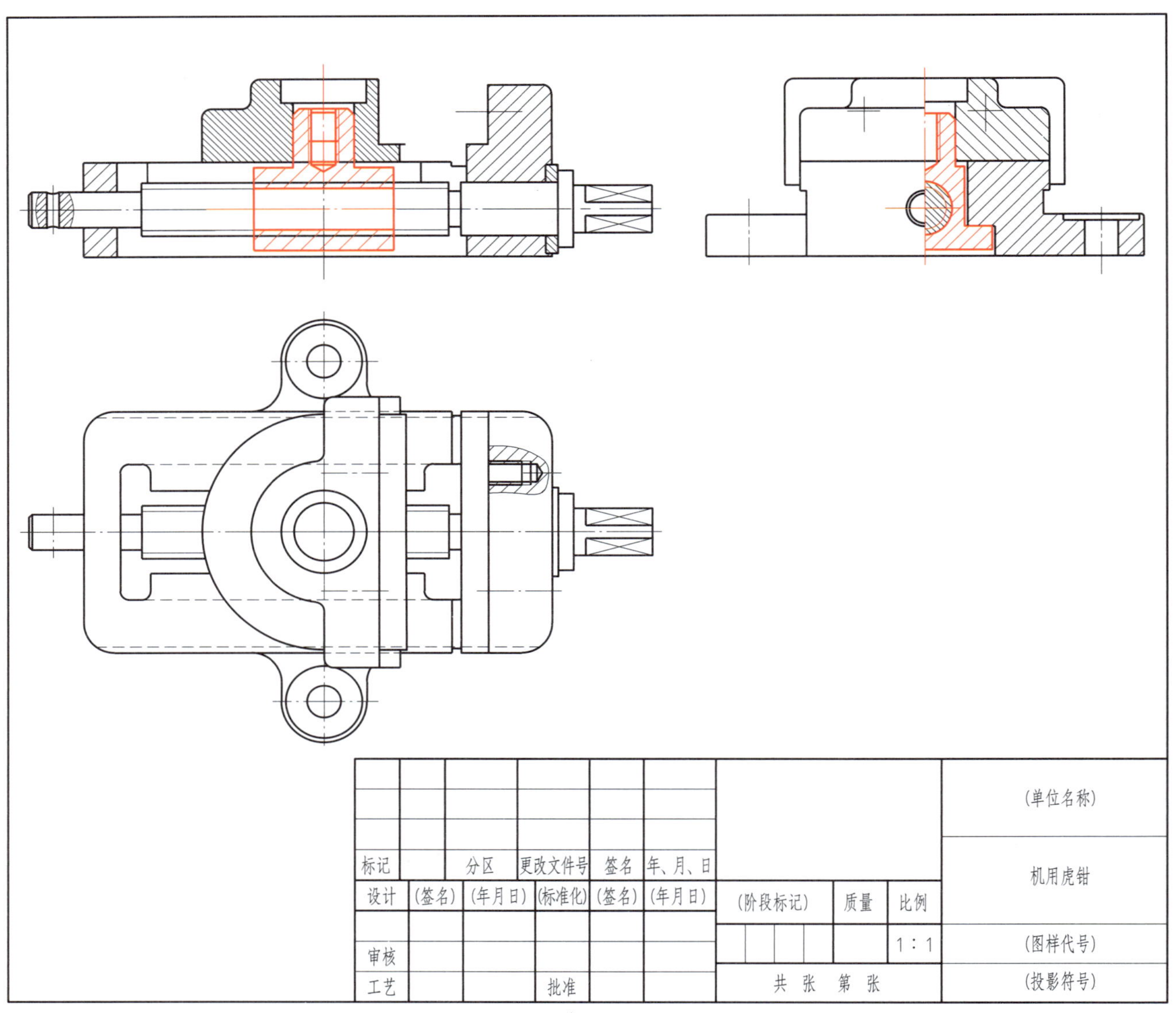

a）

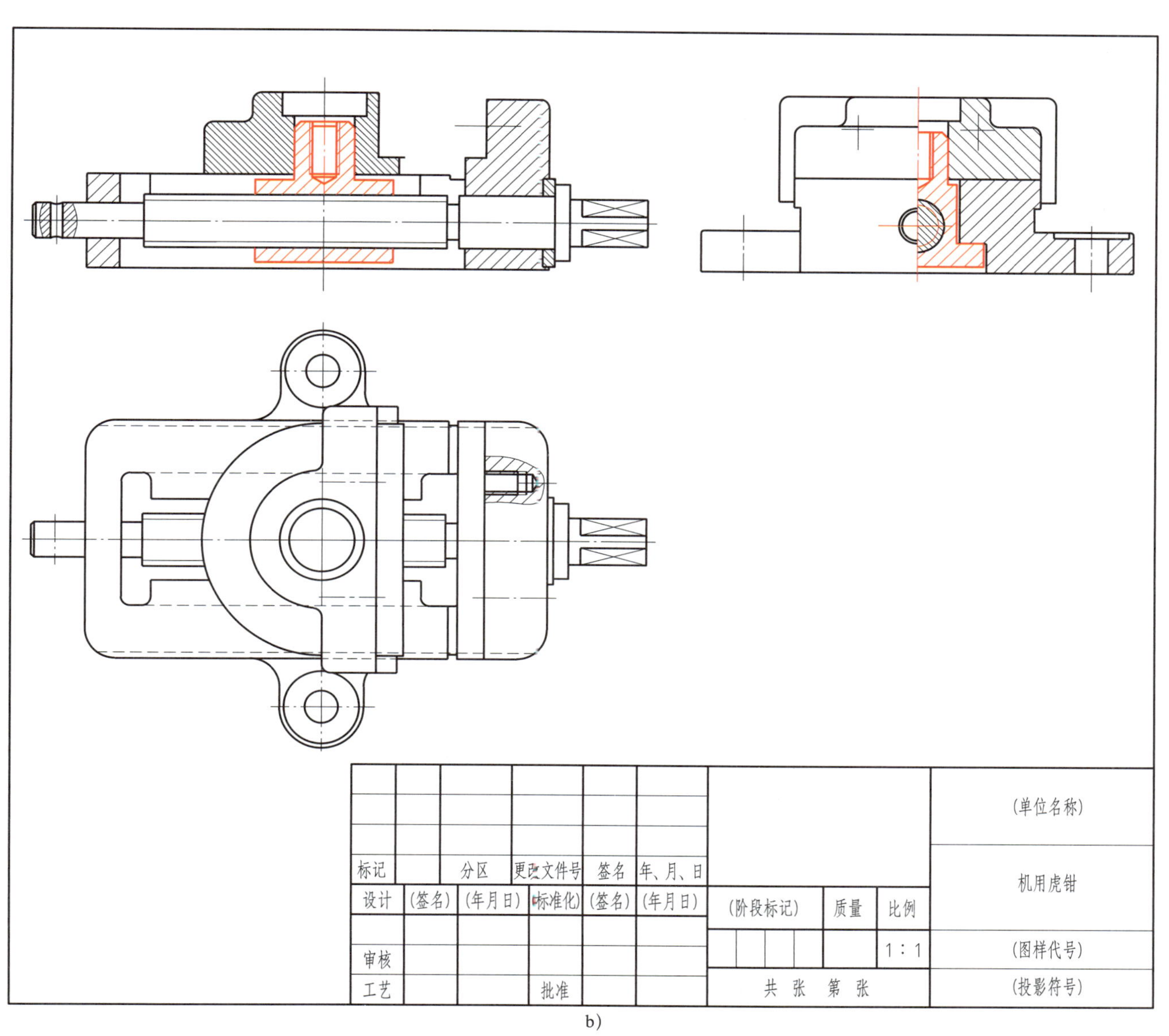

b)

图 5-23　绘制螺母块

a）插入螺母块图块　b）修改图形

(5)绘制螺钉和钳口板

将螺钉和钳口板图块插入到图形中，如图 5-24a 所示，将图块分解，并根据投影原理修改图形，如图 5-24b 所示。

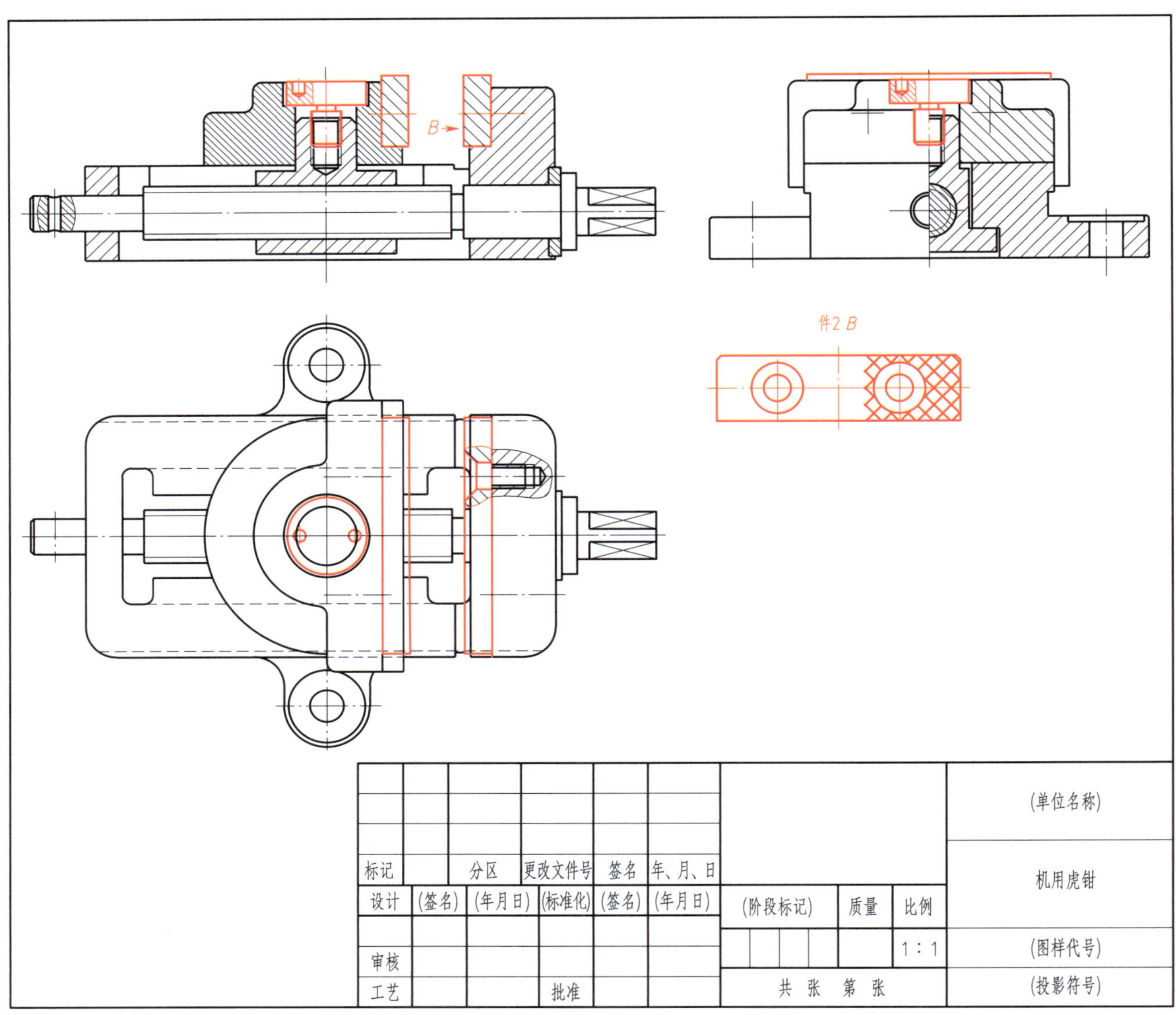

a)

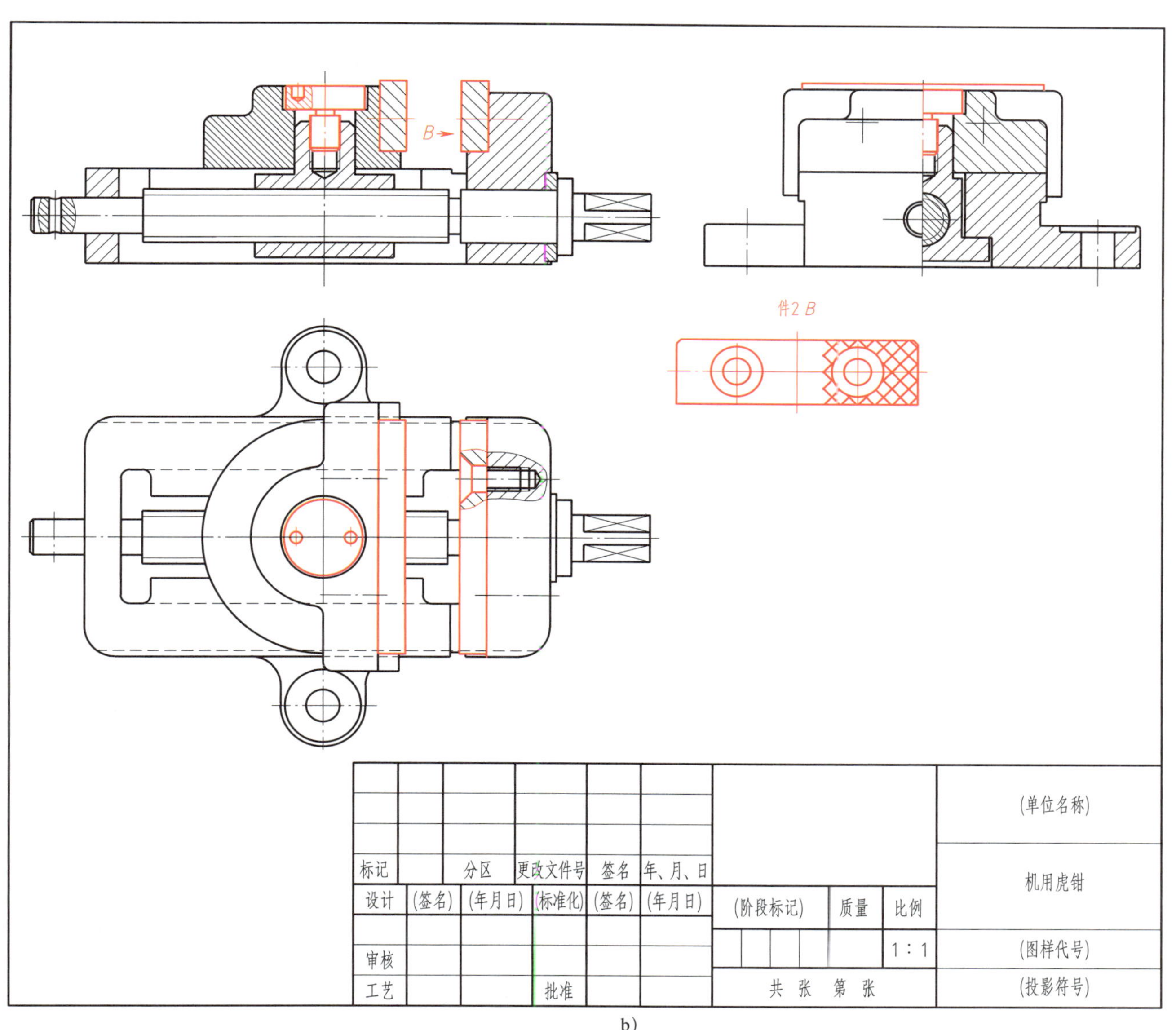

b)

图 5-24 绘制螺钉和钳口板

a）插入螺钉和钳口板图块 b）修改图形

（6）绘制垫圈、环和螺钉

绘制垫圈、环和螺钉，如图 5-25 所示。

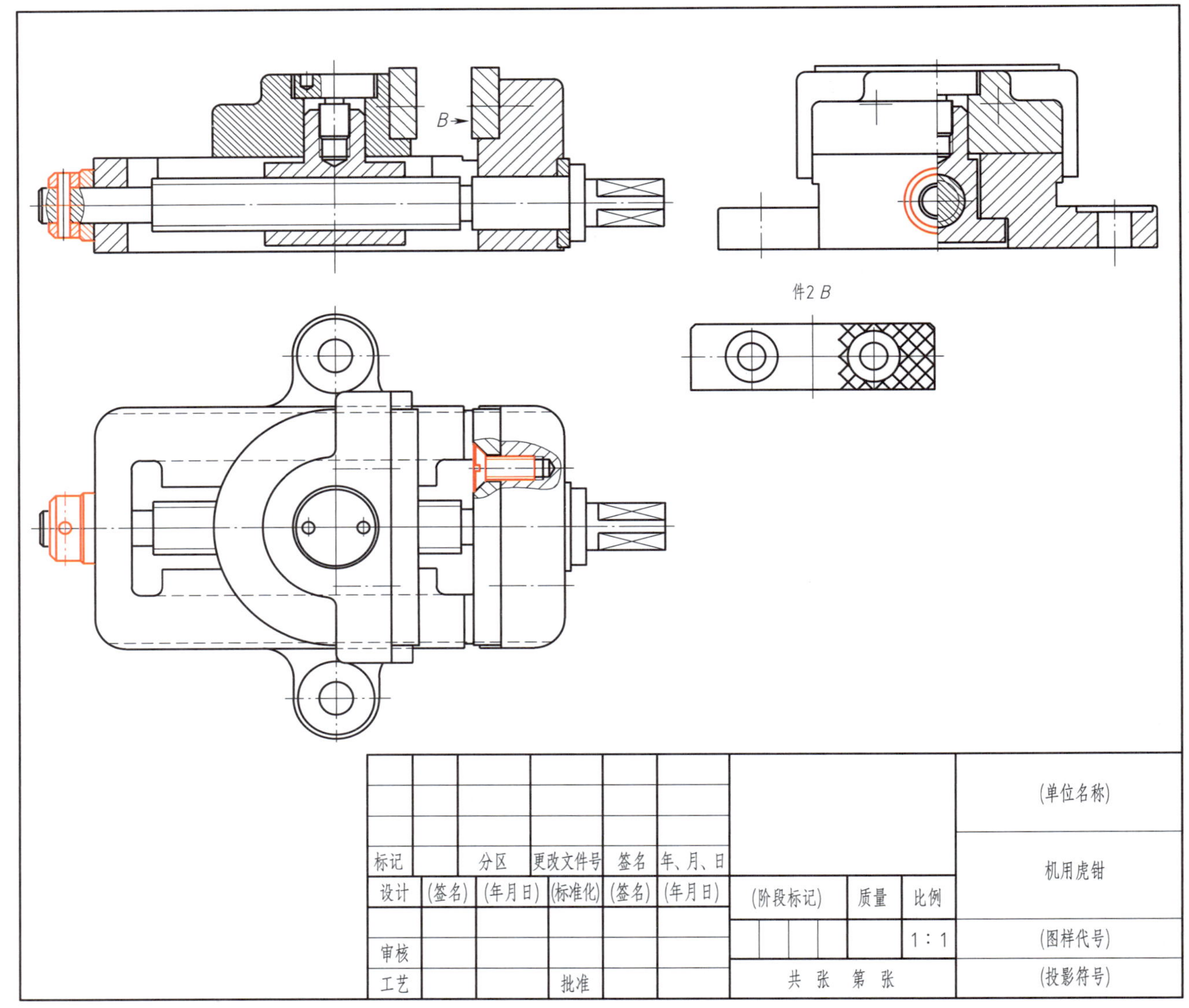

图 5-25　垫圈、环和螺钉

（7）绘制活动钳身及钳口板运动极限位置轮廓

将细双点画线图层置为当前图层，绘制活动钳身及钳口板的运动极限位置轮廓，如图 5–26 所示。

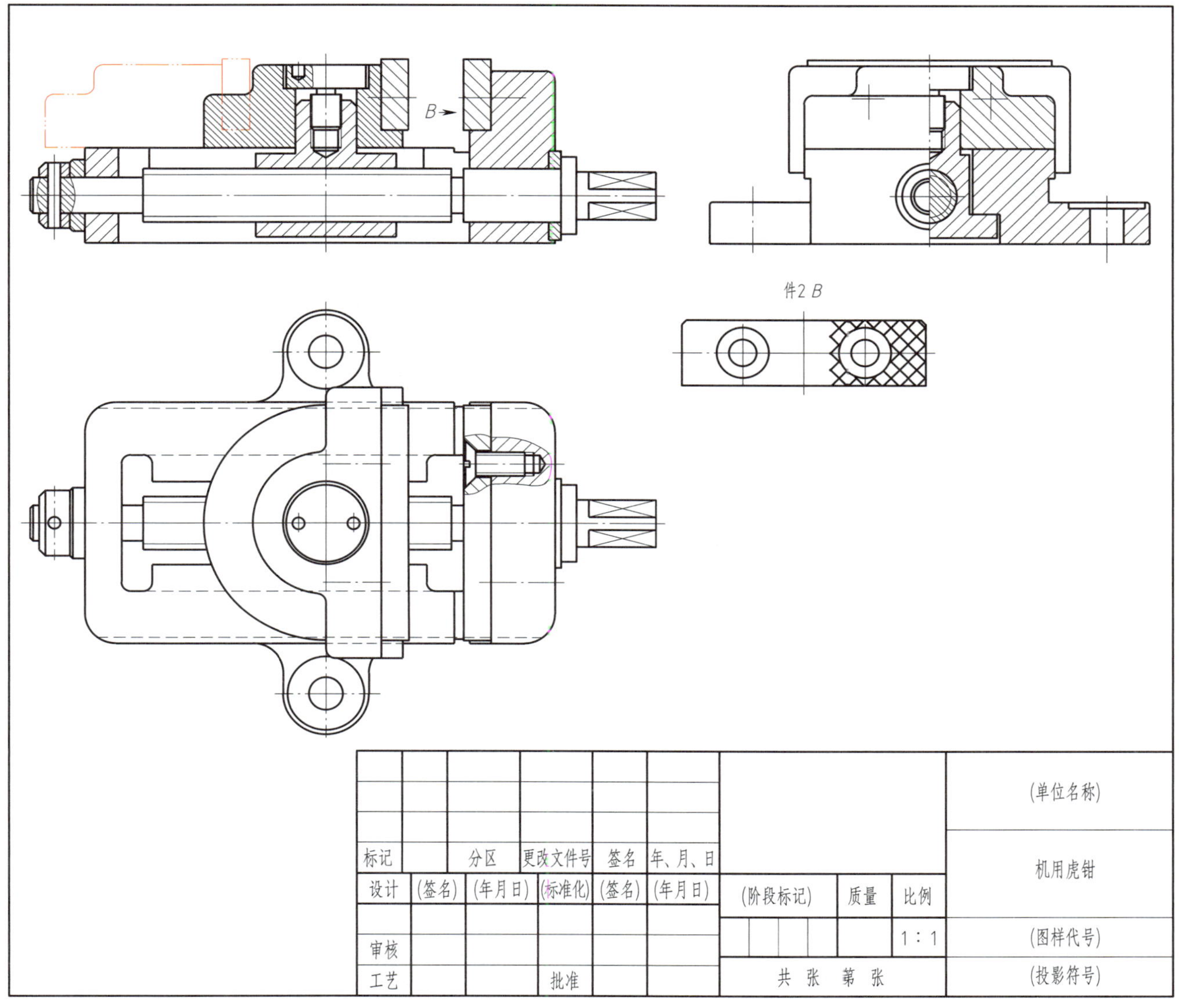

图 5–26　绘制活动钳身及钳口板运动极限位置轮廓

（8）标注轮廓尺寸和配合尺寸

标注机用虎钳轮廓尺寸和配合尺寸，如图 5-27 所示。

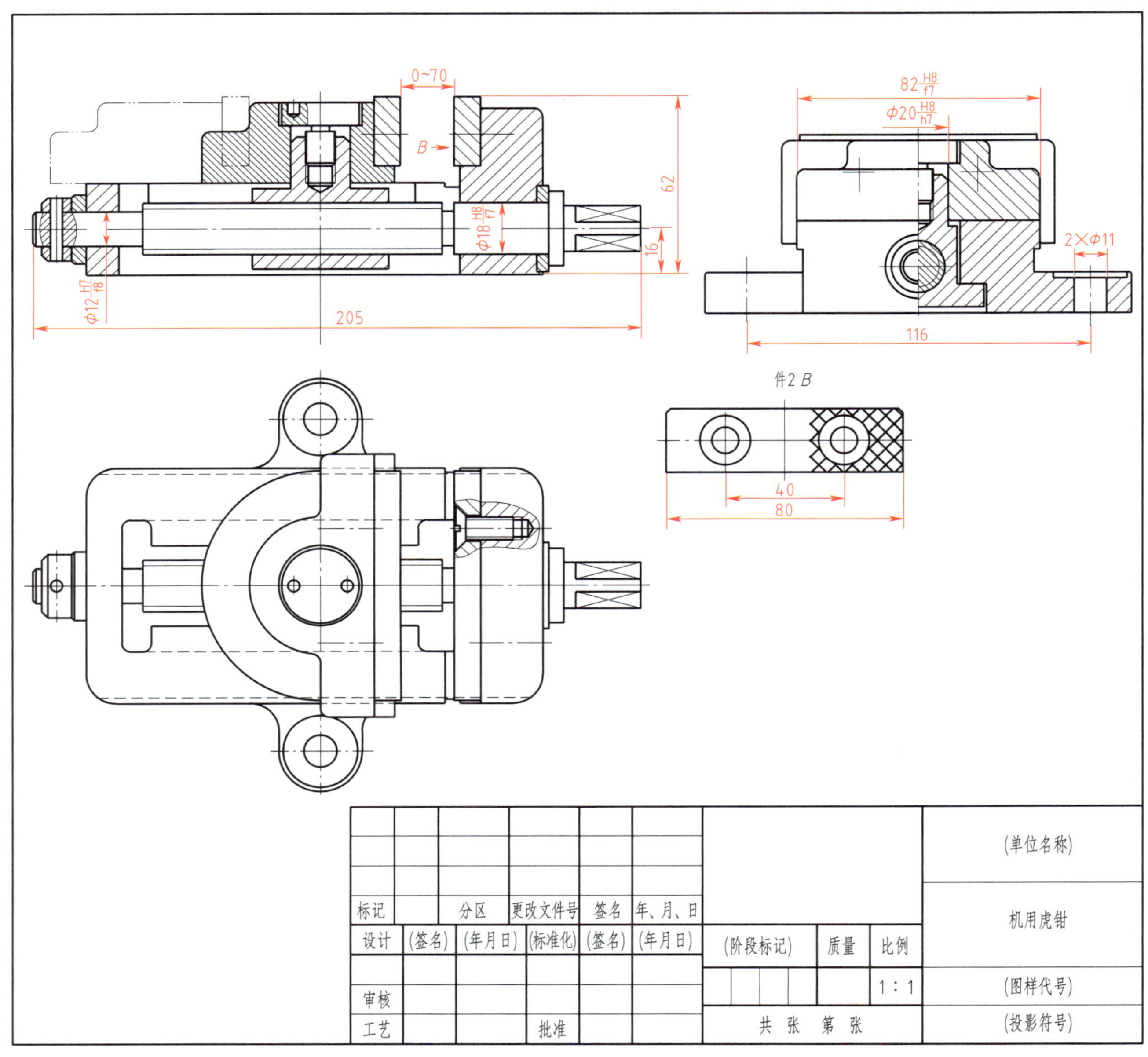

图 5-27 标注轮廓尺寸和配合尺寸

（9）绘制明细栏、标注零件序号和装配技术要求

绘制明细栏、标注零件序号和装配技术要求，如图 5-28 所示。

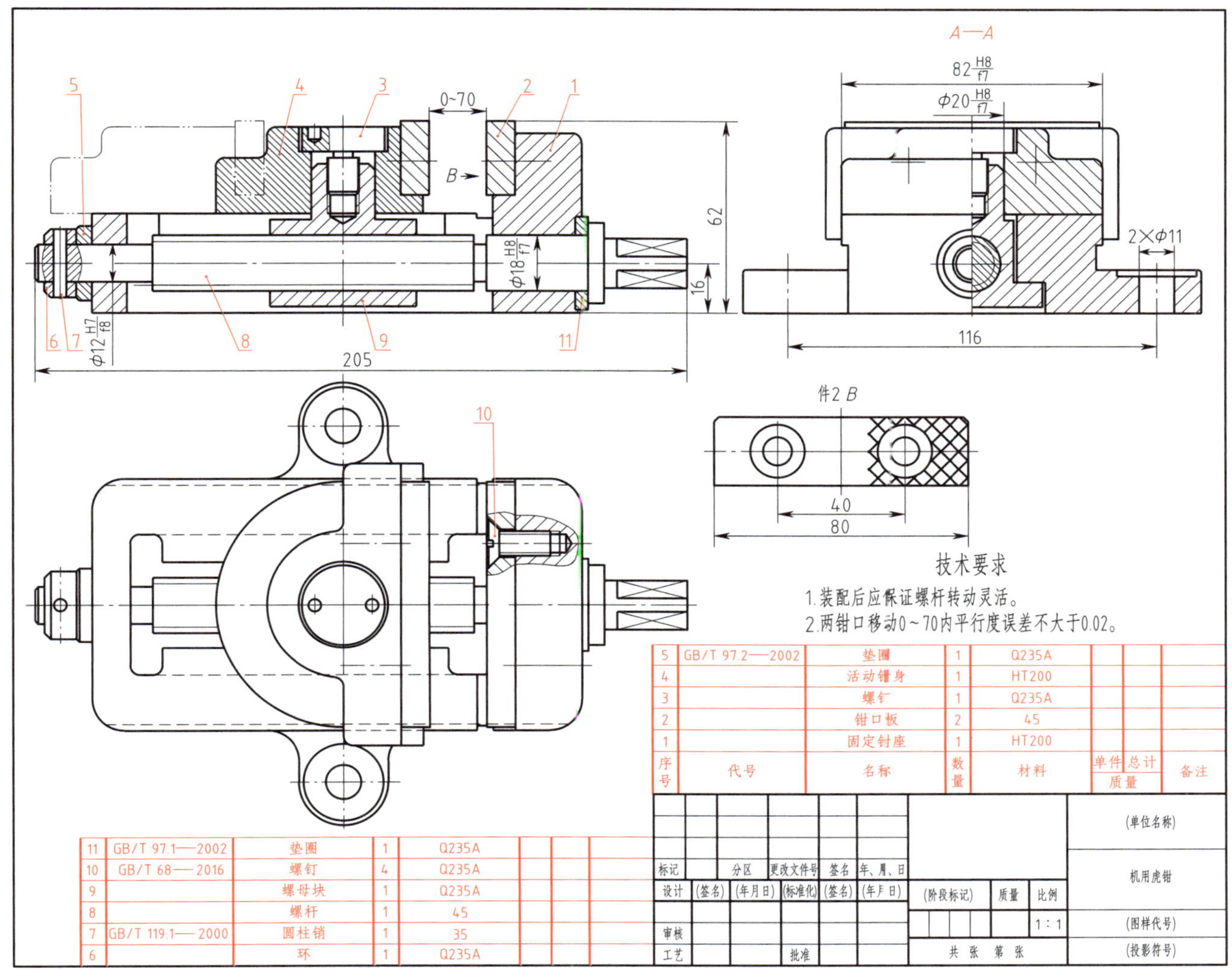

图 5-28　绘制明细栏、标注零件序号和装配技术要求

三、打印图形

保存机用虎钳装配图，设置打印机，并打印一张装配图样供检测和质量分析用。

学习活动 4　绘图检测与质量分析

学习目标

1. 能判别图幅大小是否合适，布图方案是否合理。

2. 能判别标题栏和明细栏绘制是否正确，内容填写是否规范。

3. 能判别绘图所用线型是否正确，零件轮廓是否清晰。

4. 能判别轮廓尺寸、配合尺寸及引出标注是否完整。

5. 能判别所标注的技术要求是否规范。

6. 能根据发现的问题，修改所绘制的图形。

7. 能正确填写任务记录单。

建议学时：2 学时。

学习过程

一、绘图检测（表 5–3）

表 5–3　绘图检测内容及检测结果

序号	绘图要求	绘图检测
1	图幅大小合适，布图方案合理	
2	标题栏和明细栏绘制正确，内容填写规范	
3	绘图所用线型正确	
4	零件轮廓清晰，无缺线	
5	轮廓尺寸、配合尺寸及引出标注完整，无遗漏	
6	技术要求书写规范	

二、问题分析

归纳问题产生的原因和预防方法，填入表 5-4 中。

表 5-4　　问题种类、产生原因及预防方法

问题种类	产生原因	预防方法

三、修改图样

按照绘图检测结果修改图样并保存。

四、打印图形

打印一张机用虎钳装配图，上交技术主管进行审核。审核合格后，打印所需数量的图纸，上交技术主管，并认真填写任务记录单。

学习活动 5　工作总结与评价

学习目标

1. 能按分组情况派代表展示工作成果，讲述本次任务的完成情况并做分析总结。

2. 能结合自身任务完成情况，正确、规范地撰写工作总结（心得体会）。

3. 能就本次任务中出现的问题提出改进措施。

4. 能对学习与工作进行反思总结，并能与他人开展良好合作，进行有效的沟通。

建议学时：2 学时。

学习过程

一、个人评价

按表 5–5 中的评分标准进行个人评价。

表 5–5　个人综合评价表

项目	序号	技术要求	配分	评分标准	得分
机用虎钳装配图的分析（25%）	1	零件组成分析正确	5	错一处扣 1 分	
	2	形状描述正确	5	错一处扣 1 分	
	3	装配关系分析正确	5	错一处扣 1 分	
	4	标准件尺寸查阅正确	5	错一处扣 1 分	
	5	装配图绘制步骤设计合理	5	错一处扣 1 分	
软件操作（25%）	6	基本绘图命令执行方法正确	5	错一处扣 1 分	
	7	软件基本操作正确	5	错一处扣 1 分	
	8	各零件图块创建正确	15	错一处扣 1 分	

续表

项目	序号	技术要求	配分	评分标准	得分
绘图质量（40%）	9	图幅大小合适，布图方案合理	5	不合格，不得分	
	10	标题栏绘制正确，内容填写规范	5	错一处扣 1 分	
	11	绘图所用线型正确	5	错一处扣 1 分	
	12	零件轮廓清晰，无缺线	5	错一处扣 1 分	
	13	尺寸标注完整，无遗漏	5	错一处扣 1 分	
	14	引线标注合理，无错误	5	错一处扣 1 分	
	15	明细栏绘制正确	5	错一处扣 1 分	
	16	技术要求书写规范	5	错一处扣 2 分	
安全文明生产（10%）	17	操作安全	5	违反一处扣 2 分	
	18	机房清理	5	不合格不得分	
总得分					

二、小组评价

把打印好的机用虎钳装配图先进行分组展示，再由小组推荐代表做必要的介绍。在展示的过程中，以小组为单位进行评价；评价完成后，根据其他小组成员对本组展示的成果进行评价，并将评价意见归纳总结。完成如下项目：

1．本小组展示的机用虎钳装配图符合机械制图标准吗？

很好□　　一般□　　不准确□

2．本小组介绍成果表达是否清晰？

很好□　　一般，常补充□　　不清晰□

3．本小组演示的机用虎钳装配图绘制方法正确吗？

正确□　　部分正确□　　不正确□

4．本小组演示操作时遵循“6S”工作要求吗？

符合工作要求□　　忽略了部分要求□　　完全没有遵循□

5．本小组所用的计算机、打印机保养完好吗？

良好□　　一般□　　不合要求□

6．本小组的成员团队创新精神如何？

良好□　　一般□　　不足□

三、教师评价

教师对展示的图样分别做评价。

1．找出各组的优点进行点评。

2．对展示过程中各组的缺点进行点评，提出改进方法。

3．对整个任务完成中出现的亮点和不足进行点评。

四、总结提升

1．回顾本次学习任务的工作过程，归纳整理所学知识和技能。

2．试结合自身任务完成情况，通过交流讨论等方式，较全面、规范地撰写本次任务的工作总结。

工作总结（心得体会）

评价与分析

学习任务五评价表

<table>
<tr><td>班级</td><td colspan="2"></td><td>姓名</td><td colspan="2"></td><td>学号</td><td colspan="2"></td></tr>
<tr><td rowspan="3">项目</td><td colspan="3">自我评价</td><td colspan="3">小组评价</td><td colspan="3">教师评价</td></tr>
<tr><td>10 ~ 9 分</td><td>8 ~ 6 分</td><td>5 ~ 1 分</td><td>10 ~ 9 分</td><td>8 ~ 6 分</td><td>5 ~ 1 分</td><td>10 ~ 9 分</td><td>8 ~ 6 分</td><td>5 ~ 1 分</td></tr>
<tr><td colspan="3">占总评 10%</td><td colspan="3">占总评 30%</td><td colspan="3">占总评 60%</td></tr>
<tr><td>学习活动 1</td><td></td><td></td><td></td><td></td><td></td><td></td><td></td><td></td><td></td></tr>
<tr><td>学习活动 2</td><td></td><td></td><td></td><td></td><td></td><td></td><td></td><td></td><td></td></tr>
<tr><td>学习活动 3</td><td></td><td></td><td></td><td></td><td></td><td></td><td></td><td></td><td></td></tr>
<tr><td>学习活动 4</td><td></td><td></td><td></td><td></td><td></td><td></td><td></td><td></td><td></td></tr>
<tr><td>学习活动 5</td><td></td><td></td><td></td><td></td><td></td><td></td><td></td><td></td><td></td></tr>
<tr><td>表达能力和分析能力</td><td></td><td></td><td></td><td></td><td></td><td></td><td></td><td></td><td></td></tr>
<tr><td>协作精神</td><td></td><td></td><td></td><td></td><td></td><td></td><td></td><td></td><td></td></tr>
<tr><td>纪律观念</td><td></td><td></td><td></td><td></td><td></td><td></td><td></td><td></td><td></td></tr>
<tr><td>工作态度</td><td></td><td></td><td></td><td></td><td></td><td></td><td></td><td></td><td></td></tr>
<tr><td>任务总体表现</td><td></td><td></td><td></td><td></td><td></td><td></td><td></td><td></td><td></td></tr>
<tr><td>小计分</td><td colspan="3"></td><td colspan="3"></td><td colspan="3"></td></tr>
<tr><td>总评分</td><td colspan="9"></td></tr>
</table>

任课教师：　　　　年　　月　　日

任务拓展

截止阀装配图的绘制

一、工作情境描述

企业设计部接到一项任务：根据提供的截止阀装配示意图及其各组成零件图（图 5–29 至图 5–32）绘制截止阀装配图。技术主管将绘图任务分配给绘图员张强，让他应用计算机绘图软件绘制出截止阀装配图，并打印出来。

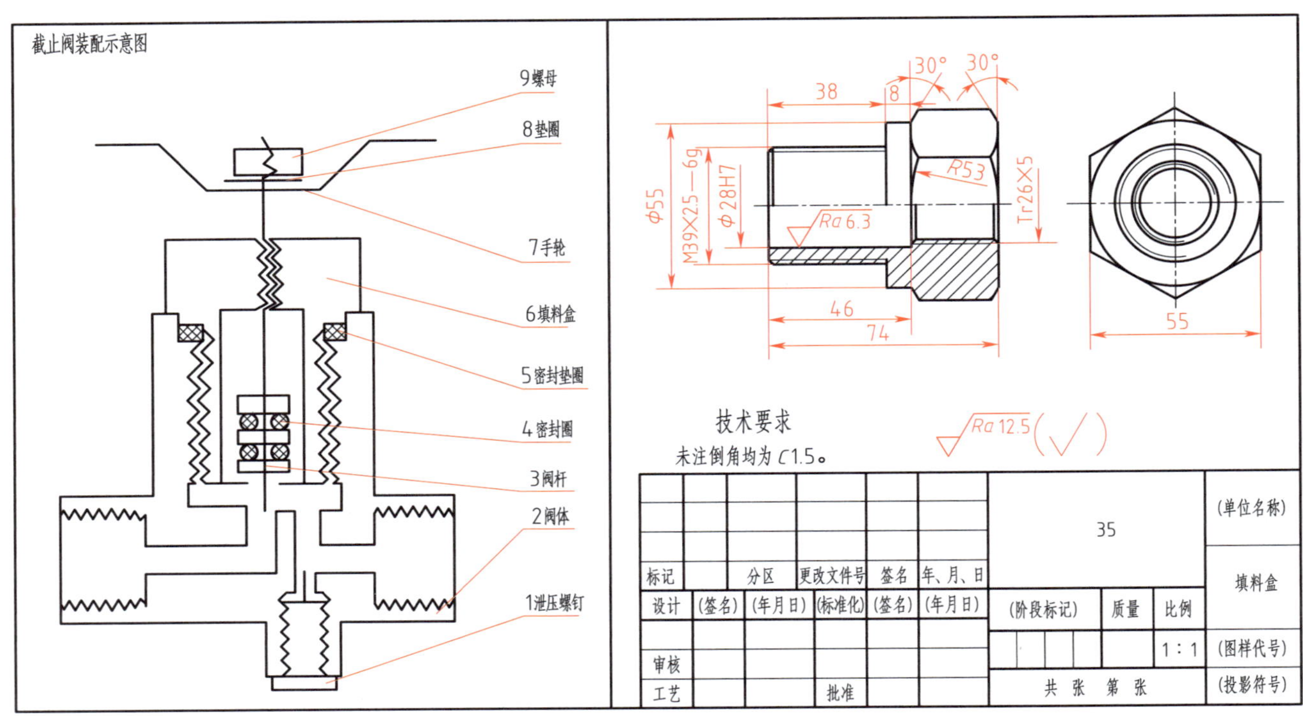

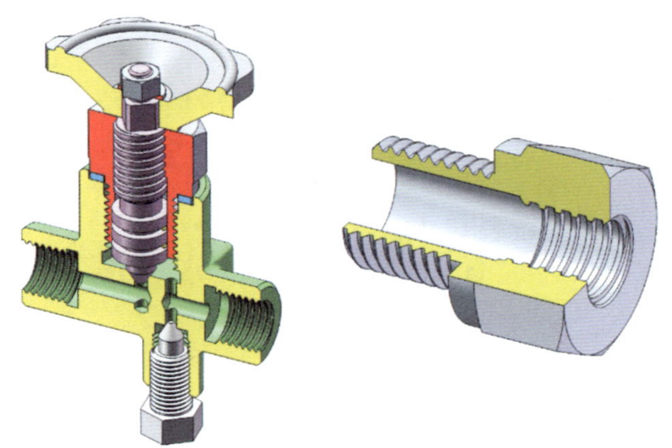

图 5–29　截止阀装配示意图及填料盒零件图

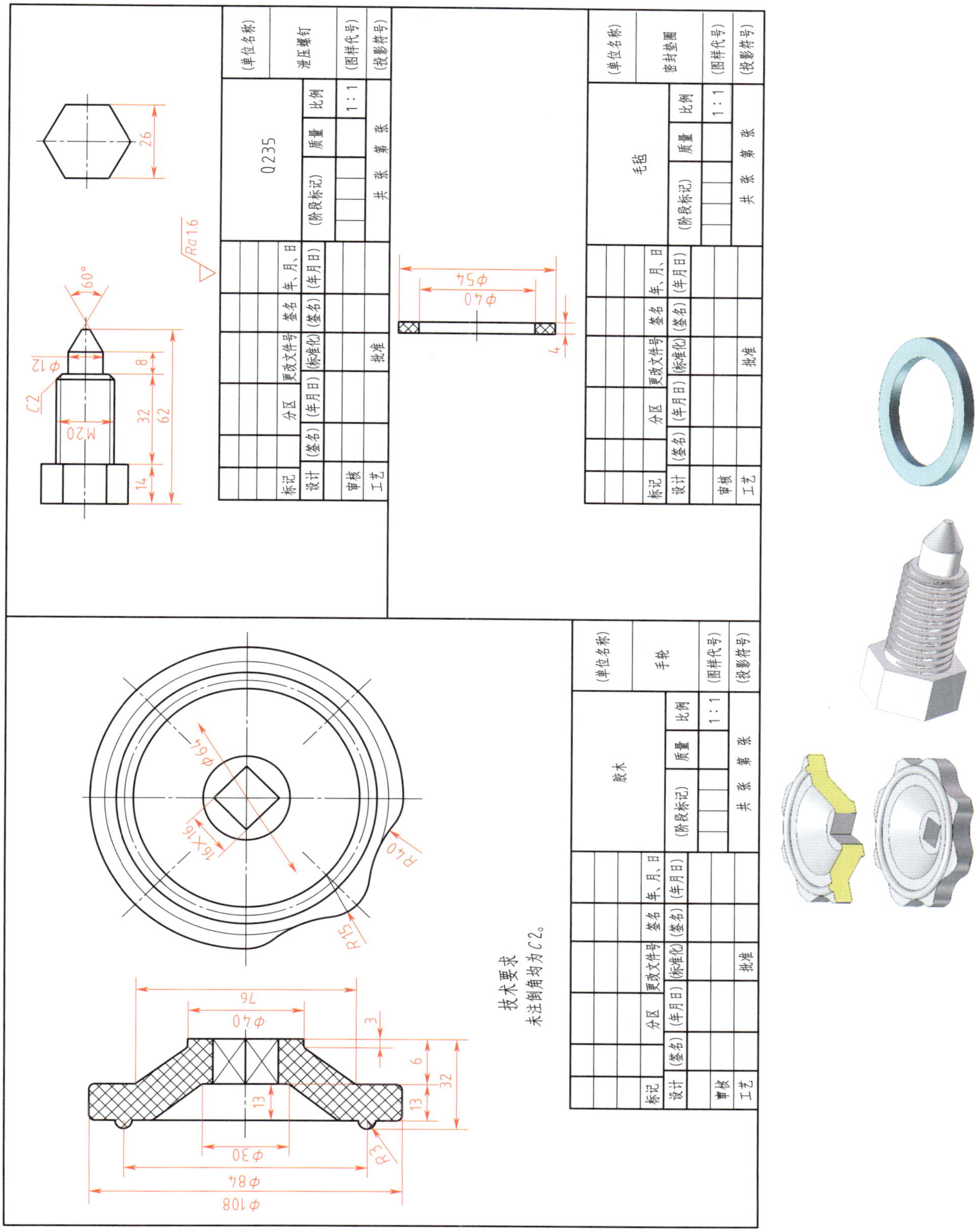

技术要求
未注倒角均为$C2$。

标记		分区	更改文件号	签名	年、月、日	胶木			(单位名称)
设计	(签名)	(年月日)	(标准化)	(签名)	(年月日)	(阶段标记)	质量	比例	手轮
审核								1∶1	(图样代号)
工艺			批准			共　张　第　张			(投影符号)

标记		分区	更改文件号	签名	年、月、日	Q235			(单位名称)
设计	(签名)	(年月日)	(标准化)	(签名)	(年月日)	(阶段标记)	质量	比例	泄压螺钉
审核								1∶1	(图样代号)
工艺			批准			共　张　第　张			(投影符号)

标记		分区	更改文件号	签名	年、月、日	毛毡			(单位名称)
设计	(签名)	(年月日)	(标准化)	(签名)	(年月日)	(阶段标记)	质量	比例	密封垫圈
审核								1∶1	(图样代号)
工艺			批准			共　张　第　张			(投影符号)

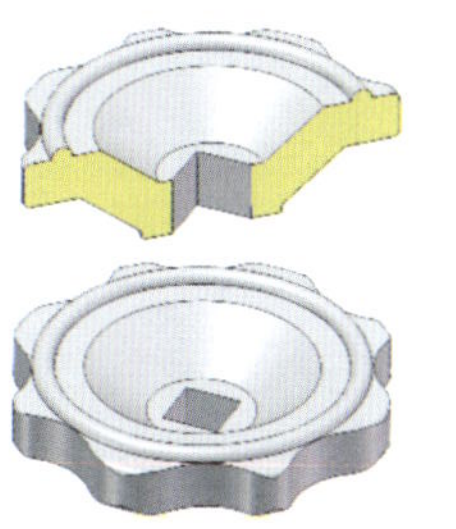
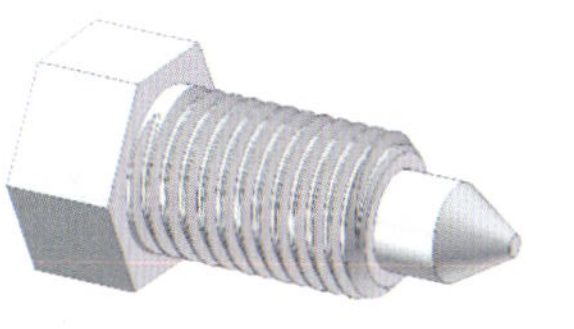
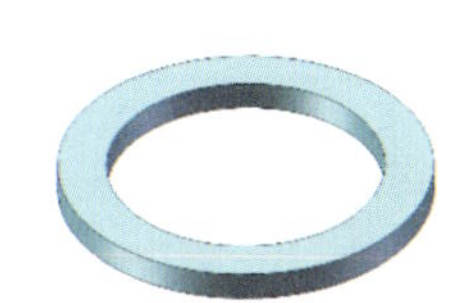

图 5-30　手轮、泄压螺钉、毛毡零件图

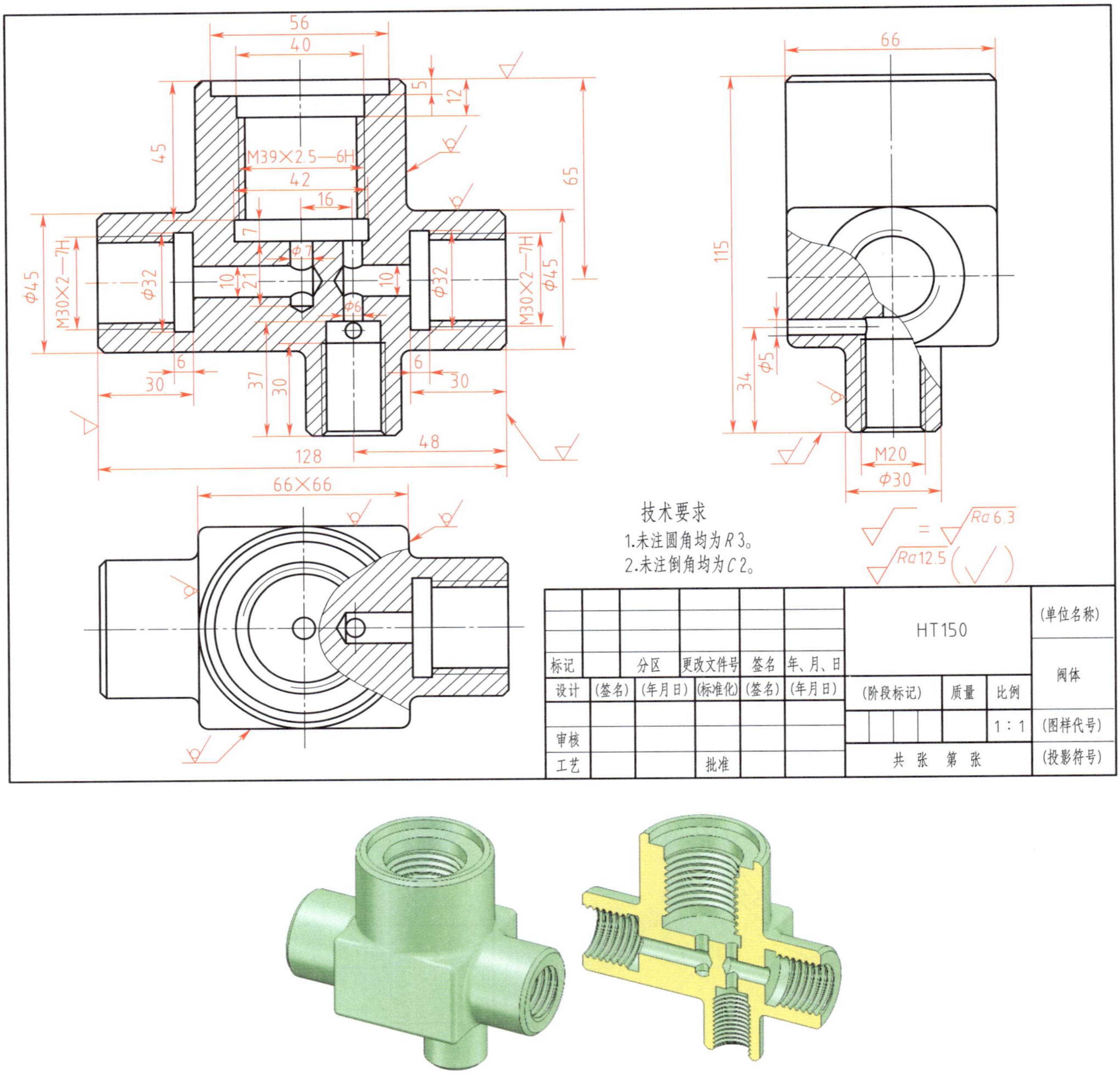

技术要求

1.未注圆角均为$R3$。

2.未注倒角均为$C2$。

标记		分区	更改文件号	签名	年、月、日	HT150			(单位名称)
设计	(签名)	(年月日)	(标准化)	(签名)	(年月日)	(阶段标记)	质量	比例	阀体
								1∶1	(图样代号)
审核									
工艺			批准			共 张 第 张			(投影符号)

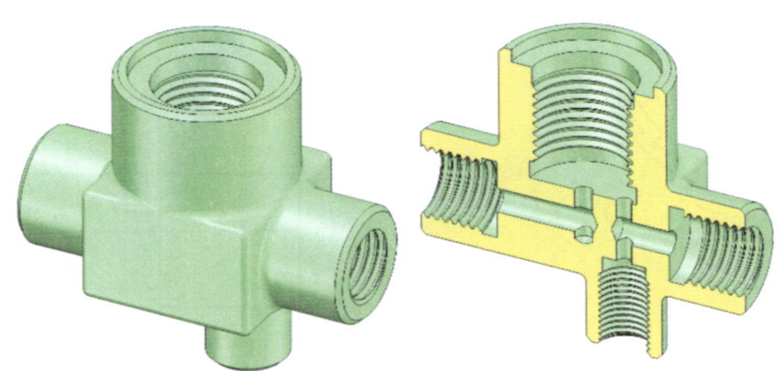

图 5-31 阀体零件图

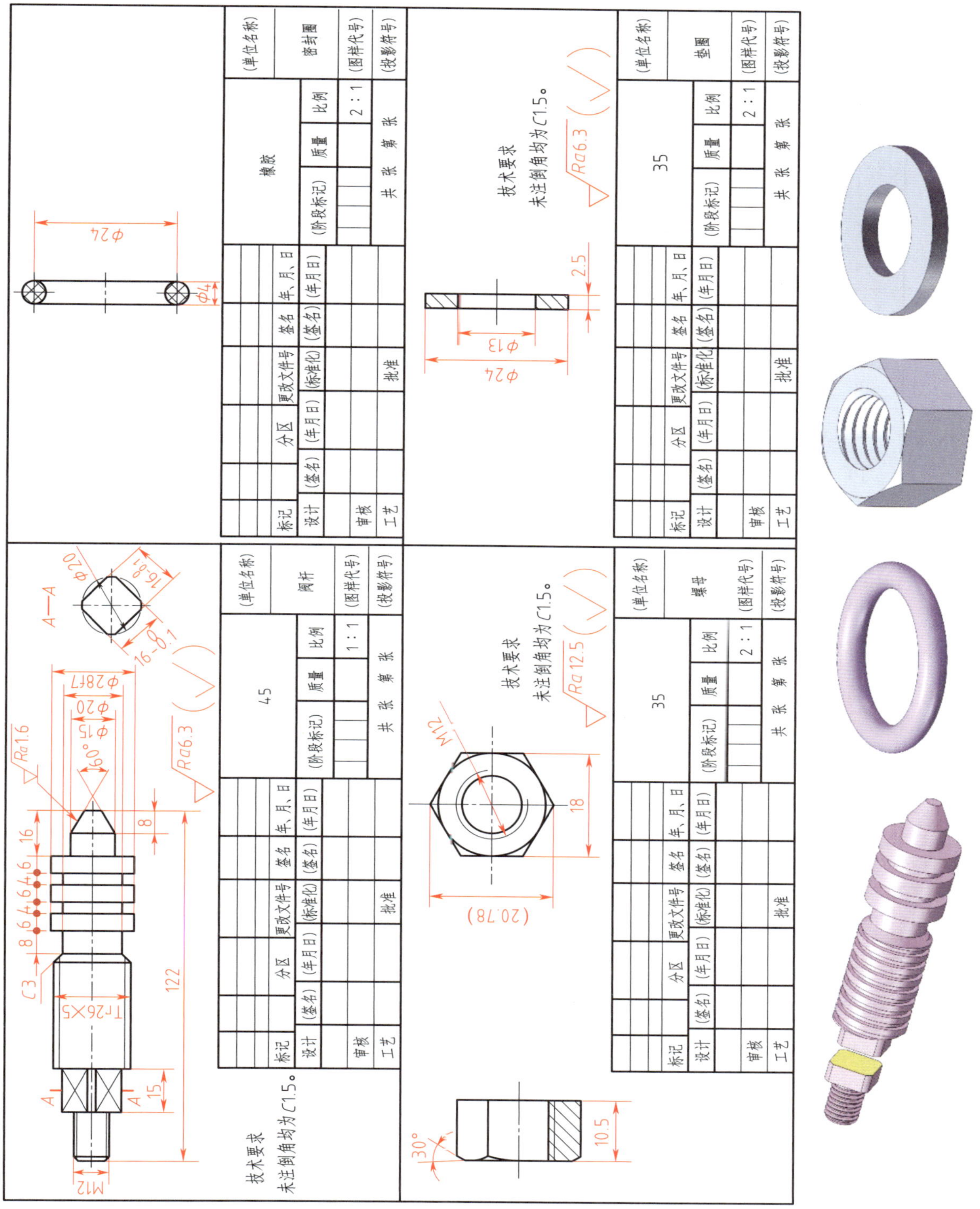

技术要求
未注倒角均为C1.5。

$\sqrt{Ra6.3}$ ($\sqrt{}$)

标记		分区	更改文件号	签名	年、月、日	45			(单位名称)
设计	(签名)	(年月日)	(标准化)	(签名)	(年月日)	(阶段标记)	质量	比例	阀杆
审核								1:1	(图样代号)
工艺			批准			共 张 第 张			(投影符号)

标记		分区	更改文件号	签名	年、月、日	橡胶			(单位名称)
设计	(签名)	(年月日)	(标准化)	(签名)	(年月日)	(阶段标记)	质量	比例	密封圈
审核								2:1	(图样代号)
工艺			批准			共 张 第 张			(投影符号)

技术要求
未注倒角均为C1.5。

$\sqrt{Ra12.5}$ ($\sqrt{}$)

标记		分区	更改文件号	签名	年、月、日	35			(单位名称)
设计	(签名)	(年月日)	(标准化)	(签名)	(年月日)	(阶段标记)	质量	比例	螺母
审核								2:1	(图样代号)
工艺			批准			共 张 第 张			(投影符号)

技术要求
未注倒角均为C1.5。

$\sqrt{Ra6.3}$ ($\sqrt{}$)

标记		分区	更改文件号	签名	年、月、日	35			(单位名称)
设计	(签名)	(年月日)	(标准化)	(签名)	(年月日)	(阶段标记)	质量	比例	垫圈
审核								2:1	(图样代号)
工艺			批准			共 张 第 张			(投影符号)

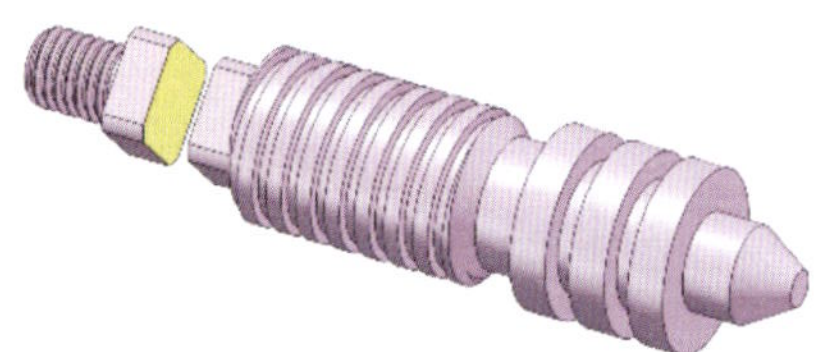
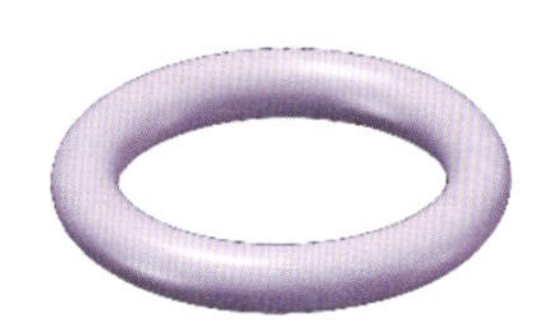
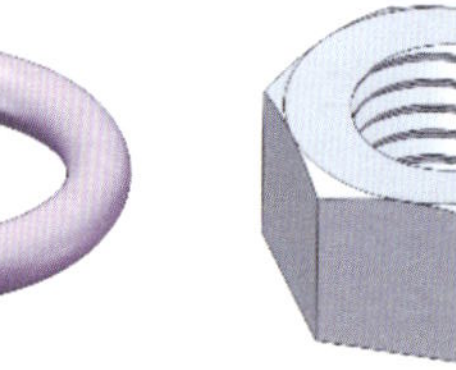
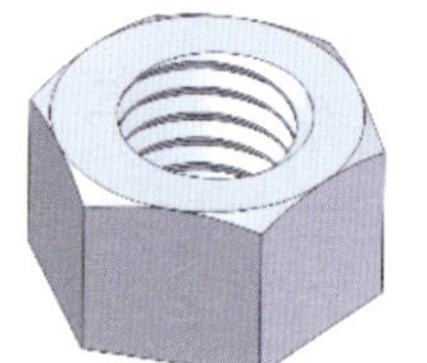
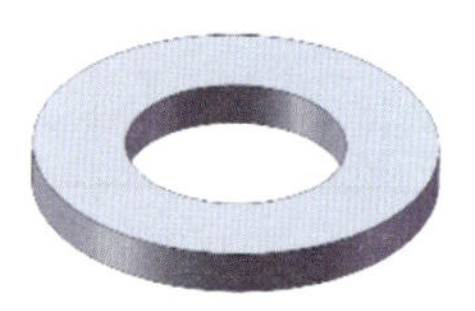

图 5-32 阀杆、密封圈、螺母和垫圈零件图

二、评分标准

按表 5–6 所示项目和技术要求，对绘制的截止阀装配图进行评分。

表 5–6　截止阀装配图绘制评分标准

项目	序号	技术要求	配分	评分标准	得分
截止阀装配图的分析（25%）	1	零件组成分析正确	5	错一处扣 1 分	
	2	零件形状描述正确	5	错一处扣 1 分	
	3	装配关系分析正确	5	错一处扣 1 分	
	4	装配基准件分析正确	5	错一处扣 1 分	
	5	装配图绘制步骤设计合理	5	错一处扣 1 分	
软件操作（25%）	6	基本绘图命令执行方法正确	5	错一处扣 1 分	
	7	软件基本操作正确	5	错一处扣 1 分	
	8	各零件图块创建正确	15	错一处扣 1 分	
绘图质量（40%）	9	图幅大小合适，布图方案合理	5	不合格，不得分	
	10	标题栏绘制正确，内容填写规范	5	错一处扣 1 分	
	11	绘图所用线型正确	5	错一处扣 1 分	
	12	零件轮廓清晰，无缺线	5	错一处扣 1 分	
	13	尺寸标注完整，无遗漏	5	错一处扣 1 分	
	14	引线标注合理，无错误	5	错一处扣 1 分	
	15	明细栏绘制正确	5	错一处扣 1 分	
	16	技术要求书写规范	5	错一处扣 2 分	
安全文明生产（10%）	17	操作安全	5	违反一处扣 2 分	
	18	机房清理	5	不合格不得分	
总得分					

世赛知识

第一角画法与第三角画法的投影规律

世界技能大赛使用的机械图样一般都是按照第三角画法绘制的。要看懂世赛图样，需要了解第一角画法与第三角画法的投影规律。

仔细比较第一角画法和第三角画法可以看出，虽然两组基本视图配制位置有所不同，但各组视图都表达了物体各个方向的结构和形状，每组视图间都存在长、宽、高三个方向尺寸的内在联系和物体上各结构的上下、左右、前后的方位关系。两种画法的投影规律如下：

1．两种画法都应遵循“长对正、高平齐、宽相等”的投影规律。

2．两种画法的方位关系是“上下、左右”的方位关系判断方法一样，比较简单，容易判断。不同的是“前后”的方位关系判断，第一角画法，以“主视图”为准，除后视图以外的其他基本视图，远离主视图的一方为物体的前方，反之为物体的后方，简称“远离主视是前方”；第三角画法，以“前视图”为准，除后视图以外的其他基本视图，远离前视图的一方为物体的后方，反之为物体的前方，简称“远离主视是后方”。可见两种画法的前后方位关系刚好相反。

3．根据前面两条规律，可得出两种画法的相互转化规律。主视图（或前视图）不动，将主视图（或前视图）周围上和下、左和右的视图对调位置（包括后视图），即可将一种画法转化成另一种画法。

学习任务六　法兰盘零件测绘及平面图形绘制

学习目标

1. 通过与技术人员和工作人员交流，确定法兰盘的材料及用途。
2. 能与工作人员合作，完成法兰盘零件的拆卸。
3. 能分析法兰盘零件结构，确定零件草图表达方案。
4. 能制定法兰盘零件草图的绘制步骤。
5. 能在规定的时间内，完成法兰盘零件草图的测绘。
6. 能根据法兰盘零件草图所用线型新建图层、绘制图框和标题栏。
7. 能正确应用绘图和修改命令绘制法兰盘零件平面图形。
8. 能标注法兰盘零件平面图形中的基本尺寸、表面结构符号、基准符号和几何公差。
9. 能应用“多行文字”命令标注技术要求。
10. 能完成“打印”对话框的设置，并打印出法兰盘零件平面图形。
11. 能根据打印样图，检测和判断绘图质量。
12. 能就本次任务中出现的问题提出改进措施。
13. 能对学习与工作进行反思总结，并能与他人开展良好合作，进行有效的沟通。
14. 能严格执行企业操作规程、企业质量体系管理制度、安全生产制度、环保管理制度、“6S”管理制度等企业管理规定。

建议学时

12 学时。

工作情境描述

企业设计部接到一项任务：根据某 CA6140 型车床上原有的法兰盘（也称过渡盘）零件进行测绘，形成新的法兰盘零件平面图形，作为二次开发生产加工的依据，法兰盘零件实体图如图 6-1 所示。技术主管将测绘任务分配给绘图员张强，让他测量法兰盘零件有关尺寸，绘制出零件图样并打印出来。

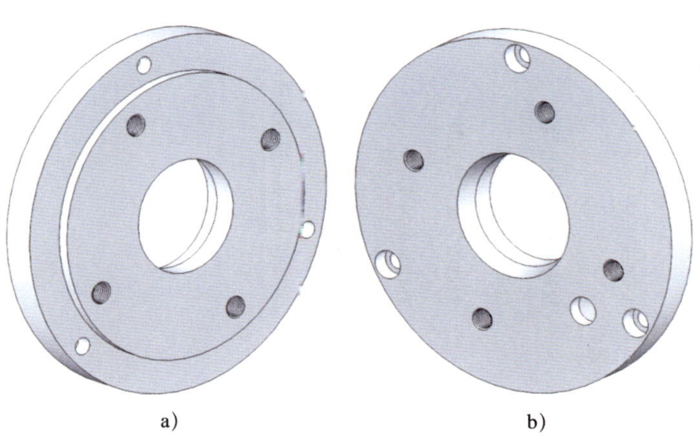

a)　　b)

图 6-1　法兰盘零件实体图

a）正面　b）反面

工作流程与活动

1．测绘法兰盘零件草图（4 学时）

2．法兰盘零件平面图形的绘制与打印（4 学时）

3．绘图检测与质量分析（2 学时）

4．工作总结与评价（2 学时）

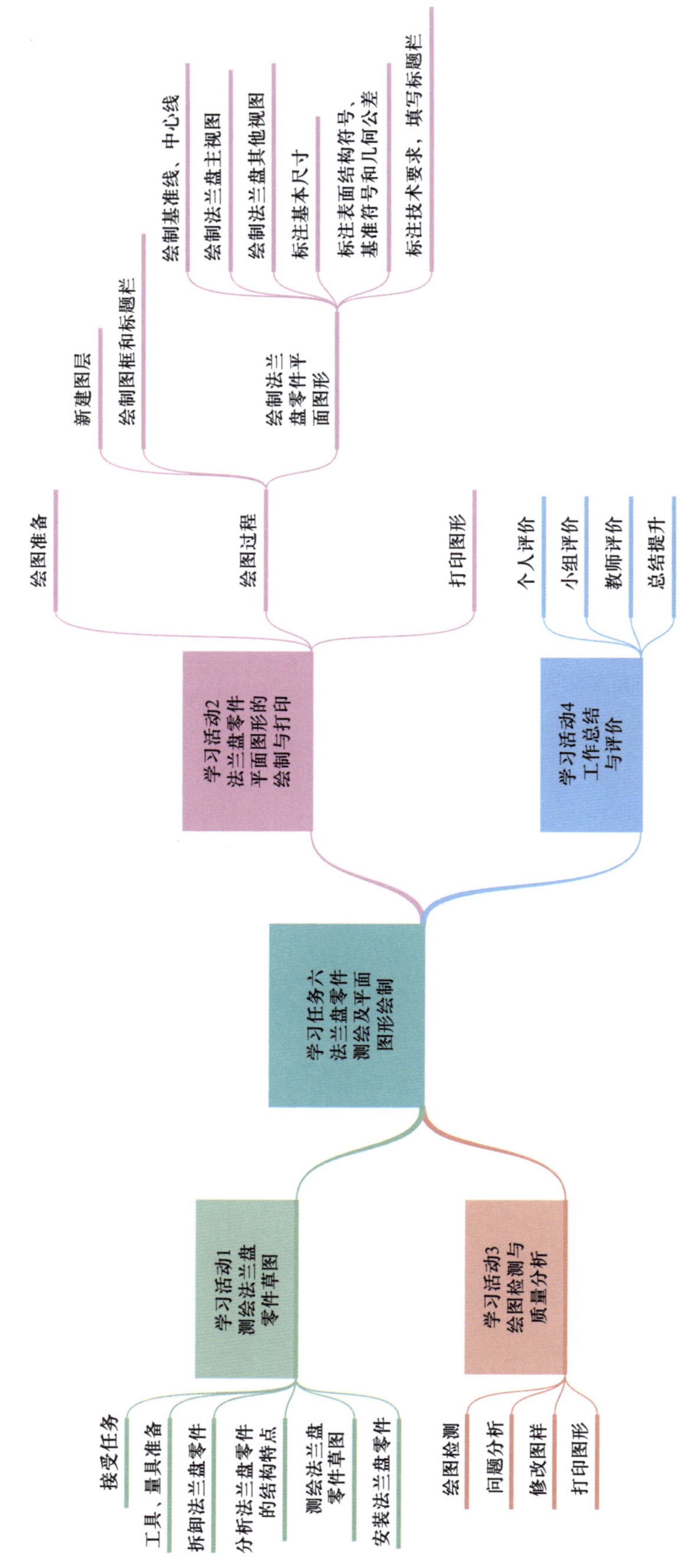
学习任务六
法兰盘零件
测绘及平面
图形绘制
学习活动1
测绘法兰盘
零件草图
接受任务
工具、量具准备
拆卸法兰盘零件
分析法兰盘零件
的结构特点
测绘法兰盘
零件草图
安装法兰盘零件
学习活动2
法兰盘零件
平面图形的
绘制与打印
绘图准备
新建图层
绘制图框和标题栏
绘图过程
绘制法兰
盘零件平
面图形
绘制基准线、中心线
绘制法兰盘主视图
绘制法兰盘其他视图
标注基本尺寸
标注表面结构符号、
基准符号和几何公差
标注技术要求，填写标题栏
打印图形
学习活动3
绘图检测与
质量分析
绘图检测
问题分析
修改图样
打印图形
学习活动4
工作总结
与评价
个人评价
小组评价
教师评价
总结提升

学习活动 1　测绘法兰盘零件草图

学习目标

1. 通过与工作人员交流，确定法兰盘零件的材料及用途。
2. 能与工作人员合作，完成法兰盘零件的拆卸。
3. 能分析法兰盘零件结构，确定零件草图表达方案。
4. 能制定法兰盘零件草图的绘制步骤。
5. 能独自完成测绘法兰盘零件草图。
6. 能与工作人员合作，完成法兰盘零件的安装。

建议学时：4 学时。

学习过程

一、接受任务

听技术主管描述本次绘图任务，正确填写任务记录单（表 6-1）。

表 6-1　　任务记录单

部门名称			出图数量	
任务名称			预交付时间	年　月　日
下单人		年　月　日	接单人		年　月　日
制图		年　月　日	审核		年　月　日
批准		年　月　日	交付人		年　月　日

二、工具、量具准备

1．工具准备

内六角扳手、一字旋具、铜锤等。

2．量具准备

游标卡尺（0 ～ 300 mm）、外径千分尺（25 ～ 50 mm）、表面粗糙度比较样块等。

三、拆卸法兰盘零件

到生产现场与工作人员交流，了解法兰盘零件的材料及用途，并与工作人员一起拆卸法兰盘零件。

1．法兰盘零件是由哪种材料制造的？它有何用途？

2．拆卸法兰盘零件时需要哪些工具？

3．拆卸法兰盘零件需要注意哪些事项？

4．简述拆卸法兰盘零件的操作步骤。

四、分析法兰盘零件的结构特点

1．CA6140 型车床上的法兰盘也称过渡盘，《机床夹具零件及部件　三爪卡盘过渡盘》（JB/T 10126.1—1999）对其结构和尺寸做了明确的规定。查阅资料，并咨询现场工作人员，明确法兰盘零件的型号。

2．简述 CA6140 型车床法兰盘零件的形状。

五、测绘法兰盘零件草图

1．绘制法兰盘零件草图有哪些基本要求？

2．确定法兰盘零件草图的表达方案。

3．简述法兰盘零件草图的绘制步骤。

4．零件测绘时应注意哪些事项？

5．绘制法兰盘零件草图，并将绘制步骤、内容及图样填入表 6–2 中。

表 6–2 绘制法兰盘零件草图

步骤	绘制内容	图样

续表

步骤	绘制内容	图样

六、安装法兰盘零件

测绘完毕，将法兰盘零件安装到机床上。

学习活动 2　法兰盘零件平面图形的绘制与打印

学习目标

1. 能根据法兰盘零件草图所用线型新建图层。

2. 能绘制法兰盘零件平面图形的图框和标题栏。

3. 能正确应用绘图和修改命令绘制法兰盘零件平面图形。

4. 能标注法兰盘零件平面图形中的基本尺寸。

5. 能标注法兰盘零件平面图形中的表面结构符号。

6. 能标注法兰盘零件平面图形中的基准符号和几何公差。

7. 能正确应用“多行文字”命令标注技术要求。

8. 能完成“打印”对话框的设置，并打印出法兰盘零件平面图形。

建议学时：4 学时。

学习过程

一、绘图准备

工具：CAD 绘图软件。

材料：法兰盘零件草图。

设备：计算机、打印机。

资料：工作任务书、计算机安全操作规程。

二、绘图过程

1．新建图层

启动 CAD 绘图软件，根据所绘制的法兰盘零件草图要求，新建图层，将图层名称、线型、颜色和线宽填入表 6–3 中。

表 6-3　新建图层

图层名称	线型	颜色	线宽

2．绘制图框和标题栏

根据法兰盘零件草图的总体尺寸及绘图比例，绘制图框和标题栏。标题栏根据国家标准《技术制图　标题栏》（GB/T 10609.1—2008）的规定绘制。

3．绘制法兰盘零件平面图形

绘制法兰盘零件平面图形，将每一步骤的图样绘制到表 6-4 中。

表 6-4　绘制法兰盘零件平面图形

步骤	绘制内容	图样
1	绘制基准线、中心线	
2	绘制法兰盘主视图	

续表

步骤	绘制内容	图样
3	绘制法兰盘其他视图	
4	标注基本尺寸	
5	标注表面结构符号、基准符号和几何公差	
6	标注技术要求，填写标题栏	

三、打印图形

设置打印机，并打印一张法兰盘零件平面图形以供检测和质量分析用。

学习活动 3 绘图检测与质量分析

学习目标

1. 能判别图幅大小是否合适，布图方案是否合理。
2. 能判别标题栏绘制是否正确，内容填写是否规范。
3. 能判别绘图所用线型是否正确，零件轮廓是否清晰。
4. 能判别尺寸标注是否完整。
5. 能判别公差标注是否正确。
6. 能判别表面结构符号标注是否正确。
7. 能判别所标注的技术要求是否规范。
8. 能根据发现的问题，修改所绘制的图形。
9. 能正确填写任务记录单。

建议学时：2 学时。

学习过程

一、绘图检测（表 6–5）

表 6–5 绘图检测内容及检测结果

序号	绘图要求	绘图检测
1	图幅大小合适，布图方案合理	
2	标题栏绘制正确，内容填写规范	
3	绘图所用线型正确	
4	零件轮廓清晰，无缺线	
5	尺寸标注完整，无遗漏	
6	公差标注合理，无错误	
7	表面结构符号和基准符号标注正确	
8	技术要求书写规范	

二、问题分析

归纳问题产生的原因和预防方法，填入表 6–6 中。

表 6–6　问题种类、产生原因及预防方法

问题种类	产生原因	预防方法

三、修改图样

按照绘图检测结果修改图样并保存。

四、打印图形

打印一张法兰盘零件平面图形，上交技术主管进行审核。审核合格后，打印所需数量的图纸，上交技术主管，并认真填写任务记录单。

学习活动 4　工作总结与评价

学习目标

1. 能按分组情况派代表展示工作成果，讲述本次任务的完成情况并做分析总结。

2. 能结合自身任务完成情况，正确、规范地撰写工作总结（心得体会）。

3. 能就本次任务中出现的问题提出改进措施。

4. 能对学习与工作进行反思总结，并能与他人开展良好合作，进行有效的沟通。

建议学时：2 学时。

学习过程

一、个人评价

按表 6–7 中的评分标准进行个人评价。

表 6–7　　个人综合评价表

项目	序号	技术要求	配分	评分标准	得分
测绘法兰盘零件草图（30%）	1	拆卸步骤正确	5	错一处扣 1 分	
	2	结构分析正确	5	错一处扣 1 分	
	3	表达方案正确	5	错一处扣 1 分	
	4	图形绘制正确	5	错一处扣 1 分	
	5	尺寸测绘正确	5	错一处扣 1 分	
	6	几何公差及表面结构符号标注正确	5	错一处扣 1 分	
软件操作（20%）	7	绘图命令应用正确	10	错一处扣 1 分	
	8	修改命令应用正确	10	错一处扣 1 分	

续表

项目	序号	技术要求	配分	评分标准	得分
绘图质量（40%）	9	图幅大小合适，布图方案合理	5	不合格，不得分	
	10	标题栏绘制正确，内容填写规范	5	错一处扣 1 分	
	11	绘图所用线型正确	5	错一处扣 1 分	
	12	零件轮廓清晰，无缺线	5	错一处扣 1 分	
	13	尺寸标注完整，无遗漏	5	错一处扣 1 分	
	14	几何公差标注合理，无错误	5	错一处扣 1 分	
	15	表面结构符号和基准符号标注正确	5	错一处扣 1 分	
	16	技术要求书写规范	5	错一处扣 2 分	
安全文明生产（10%）	17	操作安全	5	违反一处扣 2 分	
	18	机房清理	5	不合格不得分	
总得分					

二、小组评价

把打印好的法兰盘零件平面图形先进行分组展示，再由小组推荐代表做必要的介绍。在展示的过程中，以小组为单位进行评价；评价完成后，根据其他小组成员对本组展示的成果进行评价，并将评价意见归纳总结。完成如下项目：

1．本小组展示的法兰盘零件平面图形符合机械制图标准吗？

很好□　　　　一般□　　　　不准确□

2．本小组介绍成果表达是否清晰？

很好□　　　　一般，常补充□　　　　不清晰□

3．本小组演示的法兰盘零件平面图形绘制方法正确吗？

正确□　　　　部分正确□　　　　不正确□

4．本小组演示操作时遵循“6S”工作要求吗？

符合工作要求□　　　　忽略了部分要求□　　　　完全没有遵循□

5．本小组所用的计算机、打印机保养完好吗？

良好□　　　　一般□　　　　不合要求□

6．本小组的成员团队创新精神如何？

良好□　　　　一般□　　　　不足□

三、教师评价

教师对展示的图样分别做评价。

1．找出各组的优点进行点评。

2．对展示过程中各组的缺点进行点评，提出改进方法。

3．对整个任务完成中出现的亮点和不足进行点评。

四、总结提升

1．回顾本次学习任务的工作过程，归纳整理所学知识和技能。

2．试结合自身任务完成情况，通过交流讨论等方式，较全面、规范地撰写本次任务的工作总结。

工作总结（心得体会）

评价与分析

学习任务六评价表

班级			姓名			学号			
项目	自我评价			小组评价			教师评价		
	10 ~ 9 分	8 ~ 6 分	5 ~ 1 分	10 ~ 9 分	8 ~ 6 分	5 ~ 1 分	10 ~ 9 分	8 ~ 6 分	5 ~ 1 分
	占总评 10%			占总评 30%			占总评 60%		
学习活动 1									
学习活动 2									
学习活动 3									
学习活动 4									
表达能力和分析能力									
协作精神									
纪律观念									
工作态度									
任务总体表现									
小计分									
总评分									

任课教师：　　　　年　　月　　日

任务拓展

半联轴器零件测绘与图形绘制

一、工作情境描述

企业设计部接到一项测绘任务：根据某凸缘联轴器（图 6–2）上的半联轴器（图 6–3）零件进行测绘，形成半联轴器零件平面图形，作为二次开发生产加工的依据。技术主管将测绘任务分配给绘图员张强，让他测量半联轴器零件有关尺寸，绘制出零件图样并打印出来。

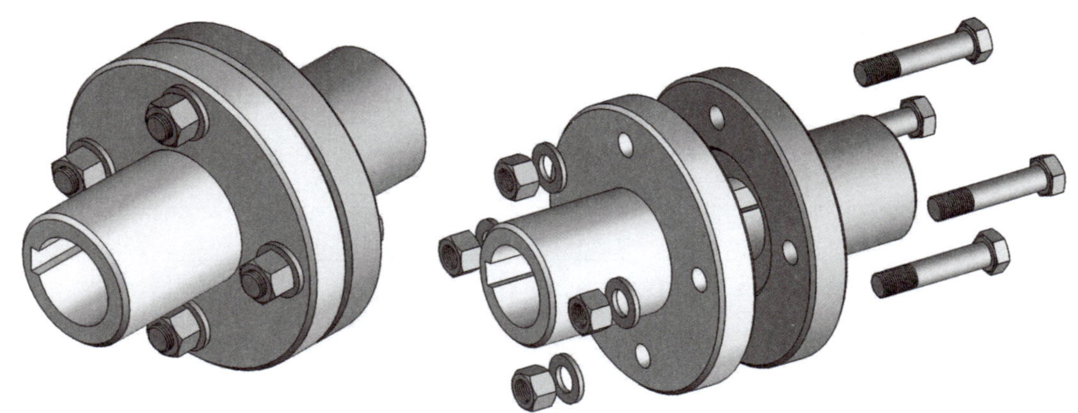

图 6–2　凸缘联轴器

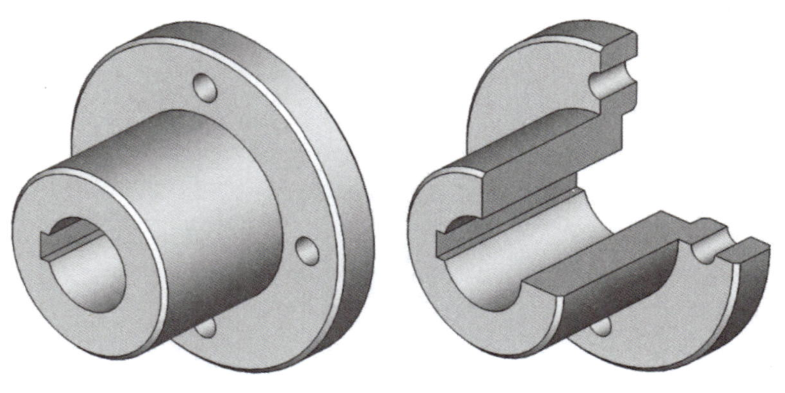

图 6–3　半联轴器

二、评分标准

按表 6–8 所示项目和技术要求，对测绘的半联轴器零件平面图形进行评分。

表 6-8　　半联轴器零件平面图形测绘评分标准

项目	序号	技术要求	配分	评分标准	得分
测绘半联轴器零件草图（30%）	1	拆卸步骤正确	5	错一处扣 1 分	
	2	结构分析正确	5	错一处扣 1 分	
	3	表达方案正确	5	错一处扣 1 分	
	4	图形绘制正确	5	错一处扣 1 分	
	5	尺寸测绘正确	5	错一处扣 1 分	
	6	几何公差及表面结构符号标注正确	5	错一处扣 1 分	
软件操作（20%）	7	绘图命令应用正确	10	错一处扣 1 分	
	8	修改命令应用正确	10	错一处扣 1 分	
绘图质量（40%）	9	图幅大小合适，布图方案合理	5	不合格，不得分	
	10	标题栏绘制正确，内容填写规范	5	错一处扣 1 分	
	11	绘图所用线型正确	5	错一处扣 1 分	
	12	零件轮廓清晰，无缺线	5	错一处扣 1 分	
	13	尺寸标注完整，无遗漏	5	错一处扣 1 分	
	14	几何公差标注合理，无错误	5	错一处扣 1 分	
	15	表面结构符号和基准标注正确	5	错一处扣 1 分	
	16	技术要求书写规范	5	错一处扣 2 分	
安全文明生产（10%）	17	操作安全	5	违反一处扣 2 分	
	18	机房清理	5	不合格不得分	
总得分					

世赛知识

第一角画法与第三角画法的投影识别符号

世界技能大赛使用的机械图样一般都是按照第三角画法绘制的。要看懂世赛图样，需要了解第一角画法与第三角画法的投影识别符号。

第一角画法与第三角画法的投影识别符号如图 6–4 所示。采用第一角画法时，可以省略标注。投影符号标注在标题栏右下角表格中，如图 6–5 所示。

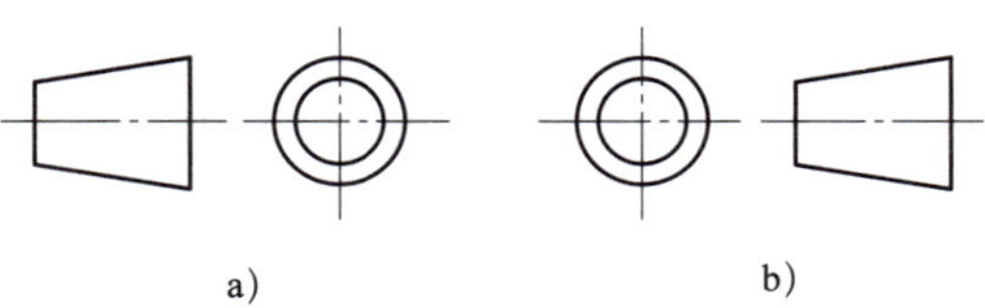

图 6–4　投影识别符号

a）第一角画法的投影识别符号　b）第三角画法的投影识别符号

						(材料标记)			(单位名称)
标记		分区	更改文件号	签名	年、月、日				(图样名称)
设计	(签名)	(年月日)	(标准化)	(签名)	(年月日)	(阶段标记)	质量	比例	
									(图样代号)
审核									
工艺			批准			共　张　第　张			(投影符号)

图 6–5　标题栏格式（GB/T 10609.1—2008）

学习任务七　油泵体零件测绘及平面图形绘制

学习目标

1. 通过与技术人员和工作人员交流，确定油泵体的材料及用途。
2. 能与工作人员合作，完成油泵体的拆卸。
3. 能分析油泵体零件结构，确定零件草图表达方案。
4. 能制定油泵体零件草图的绘制步骤。
5. 能在规定的时间内，完成油泵体零件草图的测绘。
6. 能根据油泵体零件草图所用线型新建图层、绘制图框和标题栏。
7. 能正确应用绘图和修改命令绘制油泵体零件平面图形。
8. 能标注油泵体零件平面图形中的基本尺寸、表面结构符号、基准符号和几何公差。
9. 能应用“多行文字”命令标注技术要求。
10. 能完成“打印”对话框的设置，并打印出油泵体零件平面图形。
11. 能根据打印样图，检测和判断绘图质量。
12. 能就本次任务中出现的问题提出改进措施。
13. 能对学习与工作进行反思总结，并能与他人开展良好合作，进行有效的沟通。
14. 能严格执行企业操作规程、企业质量体系管理制度、安全生产制度、环保管理制度、“6S”管理制度等企业管理规定。

建议学时

12 学时。

工作情境描述

企业设计部接到一项任务：企业需测绘油泵体零件，并绘制新的油泵体零件平面图形，作为二次开发生产加工的依据，油泵体零件实体图如图 7–1 所示。技术主管将测绘任务分配给绘图员张强，让他测量油泵体零件有关尺寸，绘制出零件图样并打印出来。

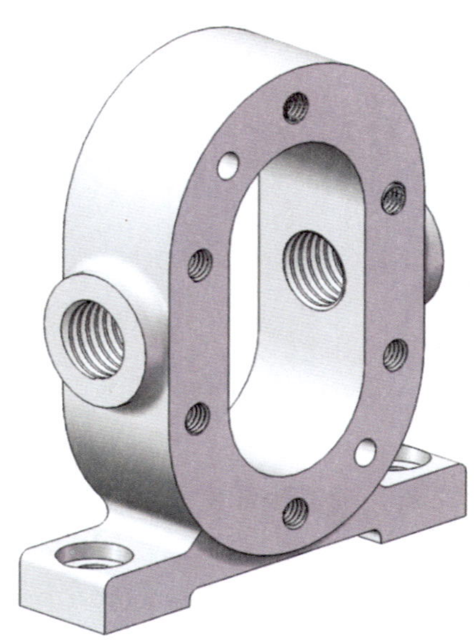

图 7–1　油泵体零件实体图

工作流程与活动

1．测绘油泵体零件草图（4 学时）

2．油泵体零件平面图形的绘制与打印（4 学时）

3．绘图检测与质量分析（2 学时）

4．工作总结与评价（2 学时）

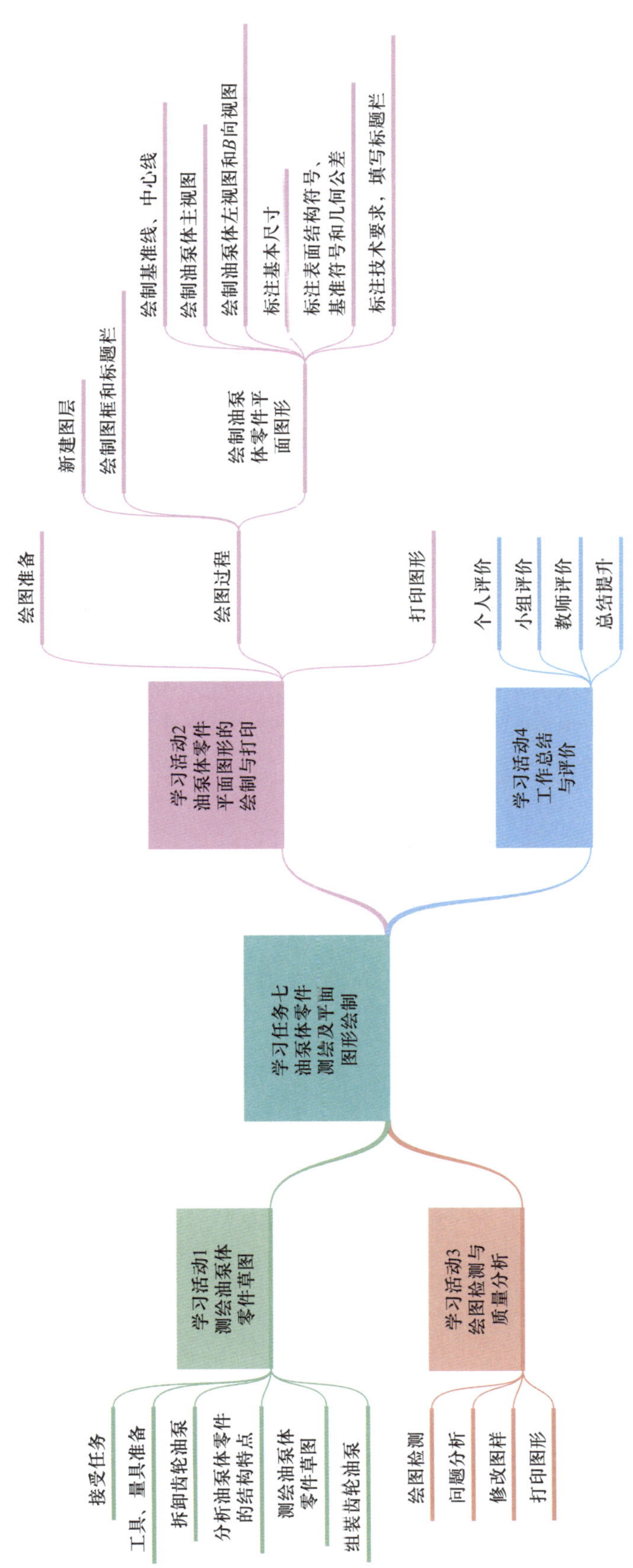
学习任务七 油泵体零件测绘及平面图形绘制
学习活动1 测绘油泵体零件草图
接受任务
工具、量具准备
拆卸齿轮油泵
分析油泵体零件的结构特点
测绘油泵体零件草图
组装齿轮油泵
学习活动2 油泵体零件平面图形的绘制与打印
绘图准备
绘图过程
新建图层
绘制图框和标题栏
绘制油泵体零件平面图形
绘制基准线、中心线
绘制油泵体主视图
绘制油泵体左视图和B向视图
标注基本尺寸
标注表面结构符号、基准符号和几何公差
标注技术要求，填写标题栏
打印图形
学习活动3 绘图检测与质量分析
绘图检测
问题分析
修改图样
打印图形
学习活动4 工作总结与评价
个人评价
小组评价
教师评价
总结提升

学习活动 1　测绘油泵体零件草图

学习目标

1. 通过与工作人员交流，确定油泵体零件的材料及用途。
2. 能与工作人员合作，完成齿轮油泵的拆卸。
3. 能分析油泵体零件结构，确定零件草图表达方案。
4. 能制定油泵体零件草图的绘制步骤。
5. 能独自完成测绘油泵体零件草图。
6. 能与工作人员合作，完成齿轮油泵的组装。

建议学时：4 学时。

学习过程

一、接受任务

听技术主管描述本次绘图任务，正确填写任务记录单（表 7–1）。

表 7–1　任务记录单

部门名称			出图数量		
任务名称			预交付时间		年　月　日
下单人		年　月　日	接单人		年　月　日
制图		年　月　日	审核		年　月　日
批准		年　月　日	交付人		年　月　日

二、工具、量具准备

1．工具准备

拔销器、内六角扳手、活扳手、一字旋具、铜锤等。

2．量具准备

游标卡尺（0 ~ 150 mm）、外径千分尺（0 ~ 25 mm）、游标高度卡尺（0 ~ 300 mm）、表面粗糙度比较样块等。

三、拆卸齿轮油泵

到生产现场与工作人员交流，了解齿轮油泵的组成、装配关系、工作原理以及油泵体在齿轮油泵中的用途，并与工作人员一起拆卸齿轮油泵。

1．齿轮油泵由哪些零件组成?

2．简述齿轮油泵的装配关系和工作原理。

3．油泵体零件是由哪种材料制造的？它有什么用途?

4．拆卸齿轮油泵时需要注意哪些事项?

5．简述拆卸齿轮油泵的操作步骤。

四、分析油泵体零件的结构特点

1．查阅资料，询问技术主管，明确油泵体零件的型号。

2．分析油泵体零件的结构特点。

五、测绘油泵体零件草图

1．确定油泵体零件草图的表达方案。

2．简述油泵体零件草图的绘制步骤。

3．绘制油泵体零件草图，并将绘制步骤、内容及图样填入表 7–2 中。

表 7–2　　绘制油泵体零件草图

步骤	绘制内容	图样

续表

步骤	绘制内容	图样

六、组装齿轮油泵

测绘完毕，重新组装齿轮油泵。

学习活动 2　油泵体零件平面图形的绘制与打印

学习目标

1. 能根据油泵体零件草图所用线型新建图层。
2. 能绘制油泵体零件平面图形的图框和标题栏。
3. 能正确应用绘图和修改命令绘制油泵体零件平面图形。
4. 能标注油泵体零件平面图形中的基本尺寸。
5. 能标注油泵体零件平面图形中的表面结构符号。
6. 能标注油泵体零件平面图形中的基准符号和几何公差。
7. 能正确应用“多行文字”命令标注技术要求。
8. 能完成“打印”对话框的设置，并打印出油泵体零件平面图形。

建议学时：4 学时。

学习过程

一、绘图准备

工具：CAD 绘图软件。

材料：油泵体零件草图。

设备：计算机、打印机。

资料：工作任务书、计算机安全操作规程。

二、绘图过程

1．新建图层

启动 CAD 绘图软件，根据所绘制的油泵体零件草图要求新建图层，将图层名称、线型、颜色和线宽填入表 7–3 中。

表 7-3　　新建图层

图层名称	线型	颜色	线宽

2．绘制图框和标题栏

根据油泵体零件草图的总体尺寸及绘图比例，绘制图框和标题栏。标题栏根据国家标准《技术要求　标题栏》（GB/T 10609.1—2008）的规定绘制。

3．绘制油泵体零件平面图形

绘制油泵体零件平面图形，将每一步骤的图样绘制到表 7-4 中。

表 7-4　　绘制油泵体零件平面图形

步骤	绘制内容	图样
1	绘制基准线、中心线	
2	绘制油泵体主视图	

续表

步骤	绘制内容	图样
3	绘制油泵体左视图和 B 向视图	
4	标注基本尺寸	
5	标注表面结构符号、基准符号和几何公差	
6	标注技术要求，填写标题栏	

三、打印图形

设置打印机，并打印一张油泵体零件平面图形以供检测和质量分析用。

学习活动 3　绘图检测与质量分析

学习目标

1. 能判别图幅大小是否合适，布图方案是否合理。
2. 能判别标题栏绘制是否正确，内容填写是否规范。
3. 能判别绘图所用线型是否正确，零件轮廓是否清晰。
4. 能判别尺寸标注是否完整。
5. 能判别公差标注是否正确。
6. 能判别表面结构符号标注是否正确。
7. 能判别所标注的技术要求是否规范。
8. 能根据发现的问题，修改所绘制的图形。
9. 能正确填写任务记录单。

建议学时：2 学时。

学习过程

一、绘图检测（表 7–5）

表 7–5　绘图检测内容及检测结果

序号	绘图要求	绘图检测
1	图幅大小合适，布图方案合理	
2	标题栏绘制正确，内容填写规范	
3	绘图所用线型正确	
4	零件轮廓清晰，无缺线	
5	尺寸标注完整，无遗漏	
6	公差标注合理，无错误	
7	表面结构符号和基准符号标注正确	
8	技术要求书写规范	

二、问题分析

归纳问题产生的原因和预防方法，填入表 7–6 中。

表 7–6 问题种类、产生原因及预防方法

问题种类	产生原因	预防方法

三、修改图样

按照绘图检测结果修改图样并保存。

四、打印图形

打印一张油泵体零件平面图形，上交技术主管进行审核。审核合格后，打印所需数量的图纸，上交技术主管，并认真填写任务记录单。

学习活动 4　工作总结与评价

学习目标

1. 能按分组情况，分别派代表展示工作成果，说明本次任务的完成情况并做分析总结。

2. 能结合自身任务完成情况，正确、规范地撰写工作总结（心得体会）。

3. 能就本次任务中出现的问题提出改进措施。

4. 能对学习与工作进行反思总结，并能与他人开展良好合作，进行有效的沟通。

建议学时：2 学时。

学习过程

一、个人评价

按表 7–7 中的评分标准进行个人评价。

表 7–7　　个人综合评价表

项目	序号	技术要求	配分	评分标准	得分
测绘油泵体零件草图（30%）	1	拆卸步骤正确	5	错一处扣 1 分	
	2	结构分析正确	5	错一处扣 1 分	
	3	表达方案正确	5	错一处扣 1 分	
	4	图形绘制正确	5	错一处扣 1 分	
	5	尺寸测绘正确	5	错一处扣 1 分	
	6	几何公差及表面结构符号标注正确	5	错一处扣 1 分	
软件操作（20%）	7	绘图命令应用正确	10	错一处扣 1 分	
	8	修改命令应用正确	10	错一处扣 1 分	

续表

项目	序号	技术要求	配分	评分标准	得分
绘图质量（40%）	9	图幅大小合适，布图方案合理	5	不合格，不得分	
	10	标题栏绘制正确，内容填写规范	5	错一处扣 1 分	
	11	绘图所用线型正确	5	错一处扣 1 分	
	12	零件轮廓清晰，无缺线	5	错一处扣 1 分	
	13	尺寸标注完整，无遗漏	5	错一处扣 1 分	
	14	几何公差标注合理，无错误	5	错一处扣 1 分	
	15	表面结构符号和基准符号标注正确	5	错一处扣 1 分	
	16	技术要求书写规范	5	错一处扣 2 分	
安全文明生产（10%）	17	操作安全	5	违反一处扣 2 分	
	18	机房清理	5	不合格不得分	
总得分					

二、小组评价

把打印好的油泵体零件平面图形先进行分组展示，再由小组推荐代表做必要的介绍。在展示的过程中，以小组为单位进行评价；评价完成后，根据其他小组成员对本组展示的成果进行评价，并将评价意见归纳总结。完成如下项目：

1．本小组展示的油泵体零件平面图形符合机械制图标准吗？

很好□　　一般□　　不准确□

2．本小组介绍成果表达是否清晰？

很好□　　一般，常补充□　　不清晰□

3．本小组演示的油泵体零件平面图形绘制方法正确吗？

正确□　　部分正确□　　不正确□

4．本小组演示操作时遵循“6S”工作要求吗？

符合工作要求□　　忽略了部分要求□　　完全没有遵循□

5．本小组的所用计算机、打印机保养完好吗？

良好□　　一般□　　不合要求□

6．本小组的成员团队创新精神如何？

良好□　　一般□　　不足□

三、教师评价

教师对展示的图样分别做评价。

1．找出各组的优点进行点评。

2．对展示过程中各组的缺点进行点评，提出改进方法。

3．对整个任务完成中出现的亮点和不足进行点评。

四、总结提升

1．回顾本次学习任务的工作过程，归纳整理所学知识和技能。

2．试结合自身任务完成情况，通过交流讨论等方式，较全面、规范地撰写本次任务的工作总结。

工作总结（心得体会）

评价与分析

学习任务七评价表

班级			姓名			学号			
项目	自我评价			小组评价			教师评价		
	10 ~ 9分	8 ~ 6分	5 ~ 1分	10 ~ 9分	8 ~ 6分	5 ~ 1分	10 ~ 9分	8 ~ 6分	5 ~ 1分
	占总评 10%			占总评 30%			占总评 60%		
学习活动 1									
学习活动 2									
学习活动 3									
学习活动 4									
表达能力和分析能力									
协作精神									
纪律观念									
工作态度									
任务总体表现									
小计分									
总评分									

任课教师：　　　　年　　月　　日

任务拓展

单级减速器箱体零件测绘与图形绘制

一、工作情境描述

企业设计部接到一项测绘任务：根据某单级齿轮减速器（图 7–2）上的箱体（图 7–3）零件进行测绘，形成减速器箱体零件平面图形，作为二次开发生产加工的依据。技术主管将测绘任务分配给绘图员张强，让他测量减速器箱体零件有关尺寸，绘制出零件图样并打印出来。

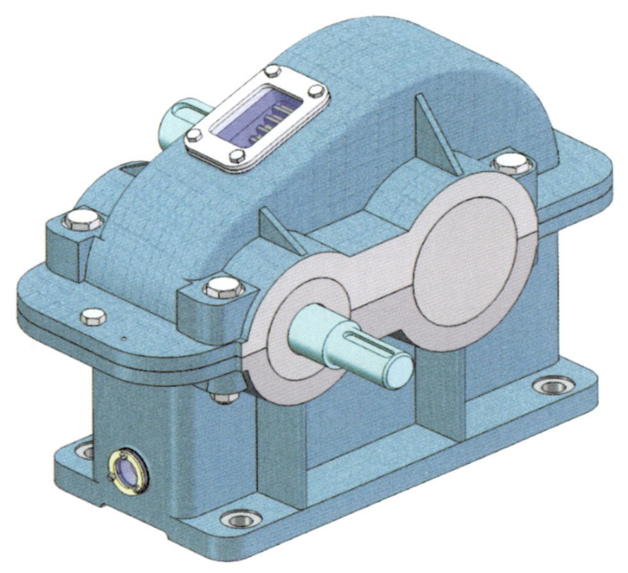

图 7–2 单级齿轮减速器

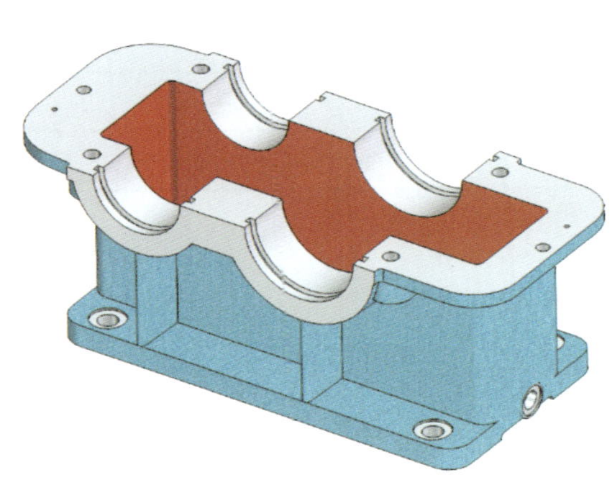

图 7–3 箱体

二、评分标准

按表 7–8 所示项目和技术要求，对测绘的减速器箱体零件平面图形进行评分。

表 7–8 减速器箱体零件平面图形测绘评分标准

项目	序号	技术要求	配分	评分标准	得分
测绘减速器箱体零件草图（30%）	1	拆卸步骤正确	5	错一处扣 1 分	
	2	结构分析正确	5	错一处扣 1 分	
	3	表达方案正确	5	错一处扣 1 分	
	4	图形绘制正确	5	错一处扣 1 分	
	5	尺寸测绘正确	5	错一处扣 1 分	
	6	几何公差及表面结构符号标注正确	5	错一处扣 1 分	

续表

项目	序号	技术要求	配分	评分标准	得分
软件操作（20%）	7	绘图命令应用正确	10	错一处扣 1 分	
	8	修改命令应用正确	10	错一处扣 1 分	
绘图质量（40%）	9	图幅大小合适，布图方案合理	5	不合格，不得分	
	10	标题栏绘制正确，内容填写规范	5	错一处扣 1 分	
	11	绘图所用线型正确	5	错一处扣 1 分	
	12	零件轮廓清晰，无缺线	5	错一处扣 1 分	
	13	尺寸标注完整，无遗漏	5	错一处扣 1 分	
	14	几何公差标注合理，无错误	5	错一处扣 1 分	
	15	表面结构符号和基准符号标注正确	5	错一处扣 1 分	
	16	技术要求书写规范	5	错一处扣 2 分	
安全文明生产（10%）	17	操作安全	5	违反一处扣 2 分	
	18	机房清理	5	不合格不得分	
总得分					

世赛知识

国外图样的识读

世界技能大赛使用的机械技术图样与我国技术制图图样有差别。国内选手平时训练时，需要进行国外技术图样识读练习。下面以图 7-4 为例，简要介绍国外技术图样的识读。

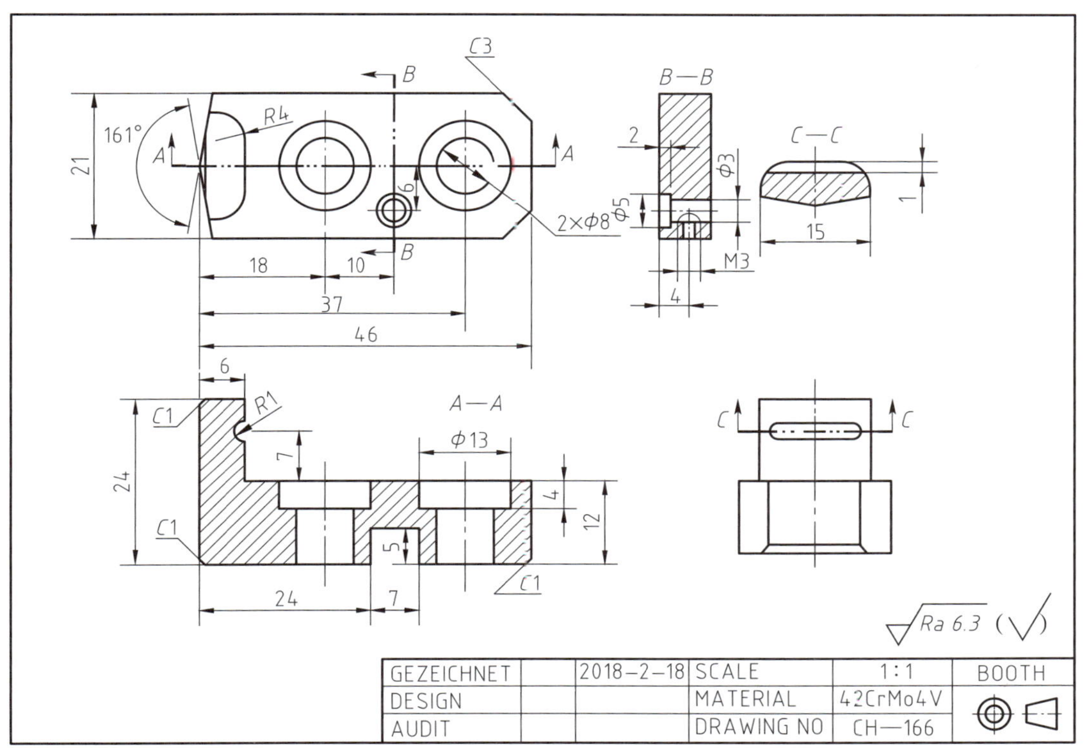

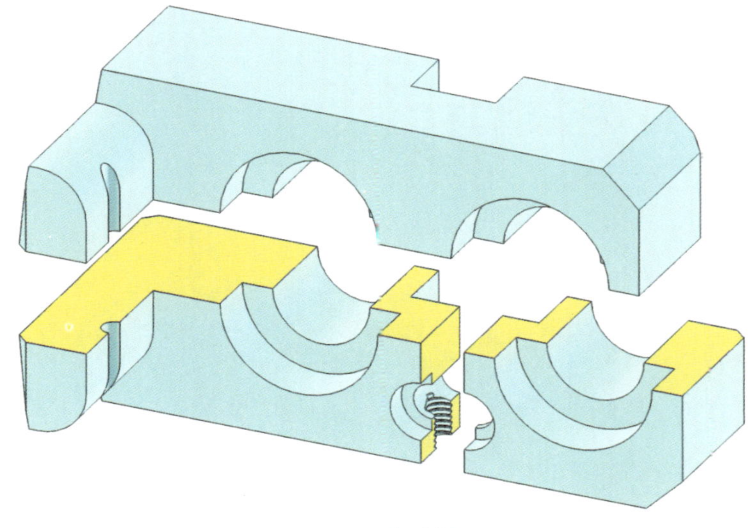

图 7-4　国外图样示例

在对外交流中，常遇到如图 7–2 所示国外技术图样，由标题栏中的投影符号可以看出，该图样采用了第三角画法，并用到了多个剖视图，其剖切位置用粗双点画线表示（与我国国家标准不同）。

该图样采用了主视图、俯视图、右视图和两个剖视图来表达零件的形状结构。左下角为主视图，表达了零件主视方向的“L”形结构、孔径大小以及各结构的高度；左上角为俯视图，表达了零件左侧形状、孔的位置以及长度和宽度方向的尺寸；右下角为右视图，表达了零件右视方向形状；*B*—*B* 剖视图表达了 ϕ3 mm 孔、ϕ5 mm 孔、M3 螺纹孔的断面形状和长度尺寸；*C*—*C* 剖视图表达了 *R*1 mm 槽处的断面形状和尺寸。